一塊牛皮變精品

手作皮件32款

皮革達人 黎珮詩——著

人文的·健康的·DIY的

腳丫文化

一塊牛皮變精品

手作皮件32款

皮革達人 黎堸詩——著

人文的・健康的・DIY的

腳丫文化

自序

踏入皮革的迷人世界

10幾年前的某一天，因為家人整理皮衣，我聞到一種特殊的香味而被吸引，從那天起，我對皮件有了莫名的好感。高中生日當天，收到第一個皮革大書包，樸實的色澤和手縫邊，讓我愛不釋手。

因為年紀小沒有經濟能力，因此無法隨意購買高價位的皮件，於是開始自己動手做，愈做愈有趣，雖然常常失敗卻愈挫愈勇。常常利用閒暇時間和從事皮件加工的親戚學一些基本功，然後自己看書、找資料，做一些自己用的飾品與家居用品。

出社會工作，我從事的是與手作完全無關的行業，但一直有種不踏實的感覺，覺得不是自己真的想做的事，一直到參加The Wall藝文展演中心舉辦的活動，看到中心裡有小店面招租，心裡才動了想自己做生意的念頭。後來靈光一閃，決定試試手作皮件。

店面開張沒多久，我也在奇摩拍賣賣場上架設自己的頁面，開始接受網路訂單。當時大眾網購的習慣尚未普及，我的資金、設備與設計資歷都不夠傲人，只有一邊兼職其他的工作來應付開銷，咬牙撐過了3年的草創時期，憑著我對皮件的熱情與傻勁，終於累積了一些經驗與口碑，於是辭掉了其他工作，專心經營皮件品牌。

我非常喜歡使用自然原色的皮革製作皮件，更著迷於皮革的耐用與質感。手工皮件最吸引人的就是它的自然，以及因使用者習慣而變化的氣質。皮革能揉合許多元素，創作出許多意想不到的風格，這本書裡介紹的設計與工法也以上述特點做為大方向。

因為不是科班出身，所以手作皮件的傳統手法與既定制約較少出現在我的作品裡。我相信趣味比技巧來的更重要，書中雖然不免俗解說了基本的製作工法，但我更希望大家能會摸索中，培養出自己喜好的方式，能以輕鬆與享受過程的心情，自由地玩耍。

黎珮詩

目次 Contents

Chapter 2 千變萬化的皮革設計.........28

皮革的奧妙之處在於它具有柔軟的質地，但也具備堅固、耐用的特性。
本章精選各種手工裁縫皮革提包造型及精美的小物配件，
搭配不同的皮革樣式變化出如名牌精品的高質感。
不需要花大錢也能享受時尚皮件的精緻觸感。

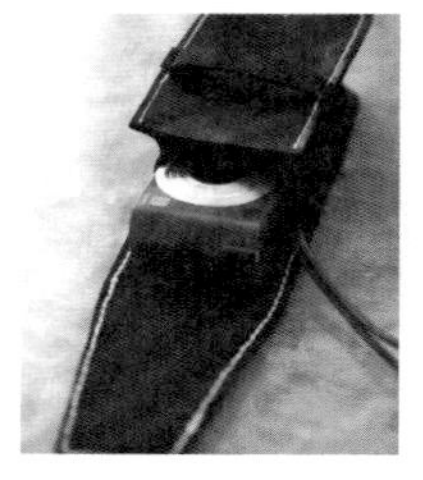

Chapter 3 開始動手做.........62

手不巧但是卻又想要挑戰手工藝品的人，不妨從最簡單的皮革飾品開始。依照紙型圖中標示的尺寸剪裁，根據步驟一一製作，特別需要注意的重點，更有清楚的圖示解說，當學會的簡單的作品之後，還可以發揮創意，製作更高難度的作品喔！

Chapter 1

進入皮革世界

手作皮革的基本是從認識皮革開始，了解各種皮質的特性，再熟悉各種處理方式，像是裁切、皮面的處理、打洞與縫製等程序。雖然是基礎技巧，但沒有絕對要遵守的規定，只要把握大原則，也可以自由發展出適合自己的手法，享受製作皮件的樂趣才是最重要的。

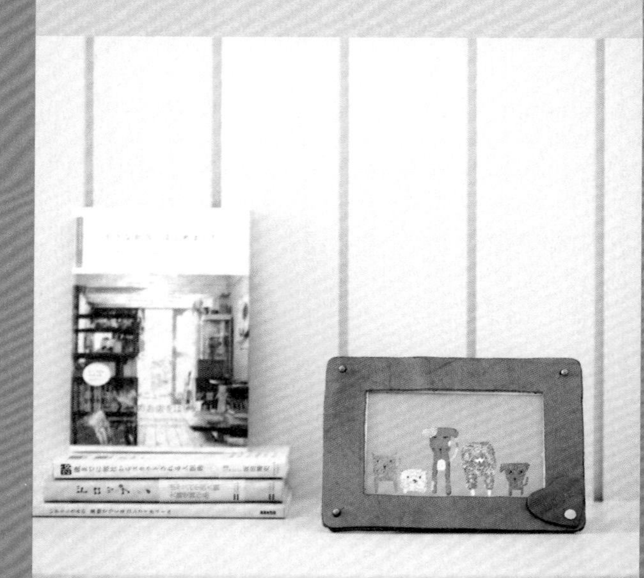

製材大蒐祕

怎麼買？

皮革購買須知

・每張皮革尺寸都不相同，我個人習慣先估算好作品的所需用量，並多加些耗損尺寸，再選購皮革。

・皮革幾乎都以整張為單位販賣，零賣、小尺寸或是分割販賣的情況很少。

・皮革販賣計算是以才數計算，不是以公分計算。

・真皮難免有傷疤與自然折舊的痕跡，製作大型物件時，盡量避開，以呈現作品的完美度。

・以尺寸來說，牛皮是常用皮革中較大張的類型。

工具購買須知

・耐用的大桌子絕對必要的，一般書桌會因為製作皮件時敲打的力道而開始搖晃。建議選擇耐磨、耐敲、有重量的材質，例如原木、實心木頭製的工作桌，或是不鏽鋼製的。

・購買金屬類工具時，需注意使用著點處是否完整無裂痕或是缺角，建議選擇鑄造質地較厚實的種類，這樣的工具比較耐用，能保持銳利度。

・平常使用工具後，要定期保養，用刀具專用的金屬防鏽保養油每一個月擦拭一次，可以延長工具壽命。

・一般業餘與入門者，如果喜愛軟皮製作的物件，建議可以購買家用縫紉機，但要選擇馬力強的機種。

哪裡買

・皮革／白光實業有限公司　02-25597779
北市華亭街9號

・皮革／亞太宏光實業　02-25509155
北市延平北路2段69號10樓之1

・皮革／歐雷　02-25233708
北市民權西路36號3樓

・皮革／同昇紡織　02-25584210
北市迪化街一段21號．永樂大樓2080號

・五金／小熊媽媽　02-25508899
北市延平北路一段51號

・五金／小虎鏈條飾品　02-25568818
北市延平北路一段103號

・五金／新隆鞋扣　02-25581887
北市長安西路217號

皮革種類

皮革本身特性與其取自之動物有很大的關係，
例如動物品種、年齡、性別、飼養環境、體形、
皮質、毛質、生長狀態、氣候、屠宰剝製方式、
保存方法、運輸條件等都影響生皮的品質，
所以每張皮革的色系、款式及大小尺寸都不盡相同，
這就是真皮獨一無二的特性。

常見動物皮

牛皮

成牛皮：肉質纖維較粗 可加工成各種厚度，多用於製作背包、大項物件或耐用、耐磨等功能性的物品。如需製作大項物件，最好使用一歲以上的牛皮。

小牛皮：3～6個月的幼年牛皮，肉質纖維較細緻，觸感柔嫩，多用於皮鞋或高級訂製服裝。

羊皮

觸感柔韌滑潤，即使是成年羊皮，毛細孔也很小，紋理比牛皮細緻。

豬皮

彈性佳，單價比其他皮革低廉許多，多用於皮件內襯，如包包內袋、皮鞋內裡。

特殊動物皮

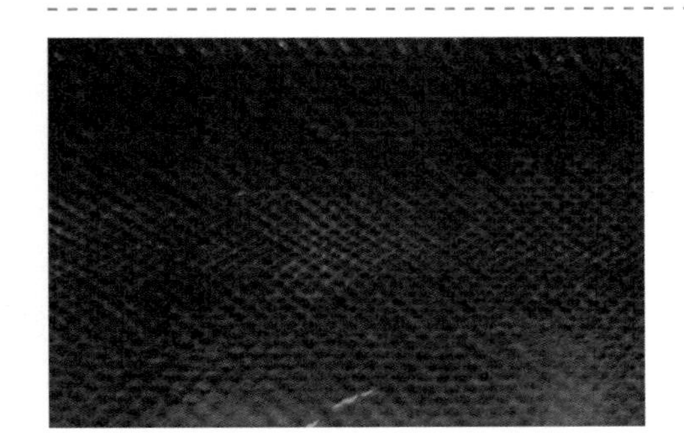

蛇皮

成年蛇皮：鱗片粗大，長寬幅度比較大，多選用蟒蛇皮來製作。

幼年蛇皮：鱗片細緻間隔細小，觸感較滑順，多用於小件皮革製品。

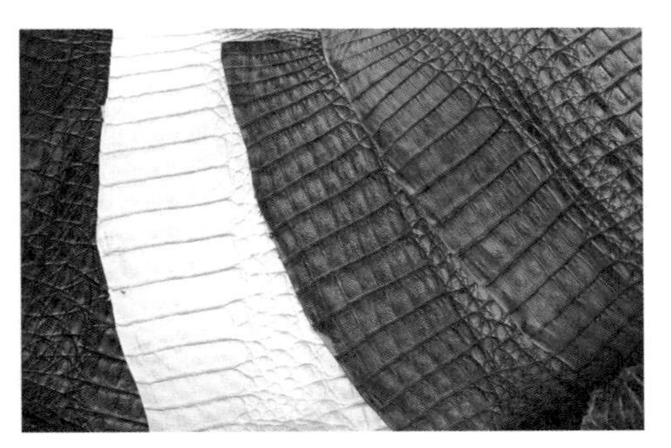

鱷魚皮

成年鱷皮：背脊凸起硬挺，整體觸感比較硬。

幼年鱷皮：整體觸感柔軟，彈性佳。

真正的鱷魚皮紋路呈現不規則分布，製作上比其他皮質來得困難。市面上有以牛皮仿鱷魚皮壓紋製作的皮革可供選擇，各具特色，可依作品技巧需要選用。

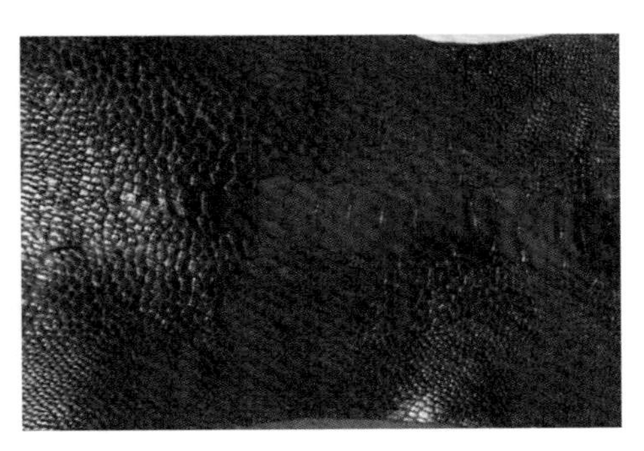

鴕鳥皮

皮革彈性極佳，最大的特色是具有規則突起的小圓點。因皮質彈性的關係，製作難度也高，不建議初學者選用。皮革單價昂貴，是此款皮革製品售價居高不下的原因。

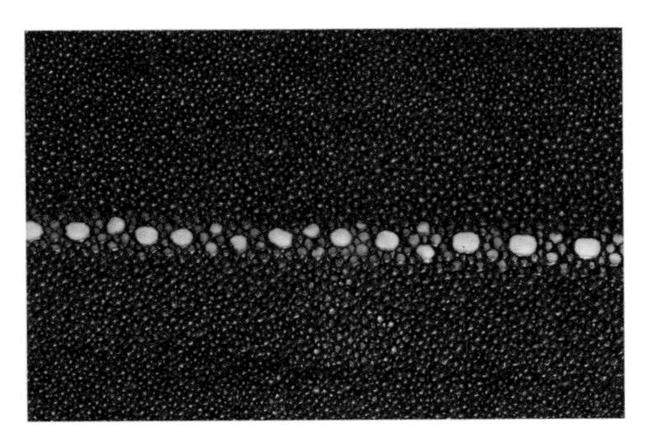

魚皮

珍珠魚為最常用皮革，魚皮背脊珍珠光澤白點凸起為其特色，白點排序越整齊、長度越長的，單價越高。要特別提醒的是，因進口法律規範，要小心選用合法進口的皮革製品。

常見皮革加工款式

相同的動物皮革以不同方式加工，
會呈現不同的風格。
在設計作品之前，
必須了解各種加工皮革的特質，
才能挑選皮革，掌握作品風格。

光面皮

表面光滑，呈現皮革最自然的模樣，不過度加工贅飾，與各種不同材料都能搭配使用，是眾多加工款式裡最實用的種類。

絨面皮

大家最常看到的麂皮就是其中一種，需特別說明的是麂皮是一種加工方式，不是皮革種類，最常加工成麂皮的有牛皮、豬皮、羊皮。以觸感來說，羊麂皮絨毛最細緻；也包括反毛皮，這種皮的絨毛比麂皮更長、更柔細，價格也較高，多用小羊皮來加工效果最佳。

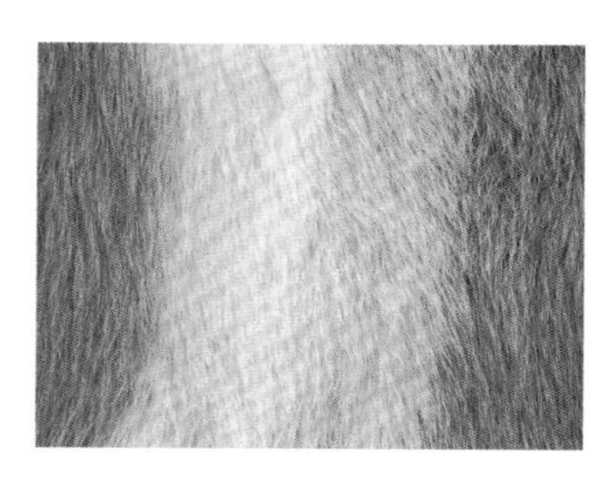

毛面皮

俗稱皮草皮革，舉凡帶毛未清除掉，或加以染色及加印其他動物紋路仿皮草，都是這類皮革，比如牛毛面皮加印豹紋；作者偏好自然毛草為染色，這要最能展現其野性風格。

霧面皮

完全沒有上亮漆處理，呈現皮革天然亮度的款式，此款最適合低調樸實風格與舖基底用。

皺紋皮

大家熟知的大小荔枝紋與加強動物天生皮革皺紋的款式，比如犀牛皮的皺紋加強等等。

漆皮

表面上漆，上亮光漆，亮度很強的款式。如果是加工技巧絕頂的師父來作這款，漆皮展現的風格將展現皮革華麗高貴的一面。

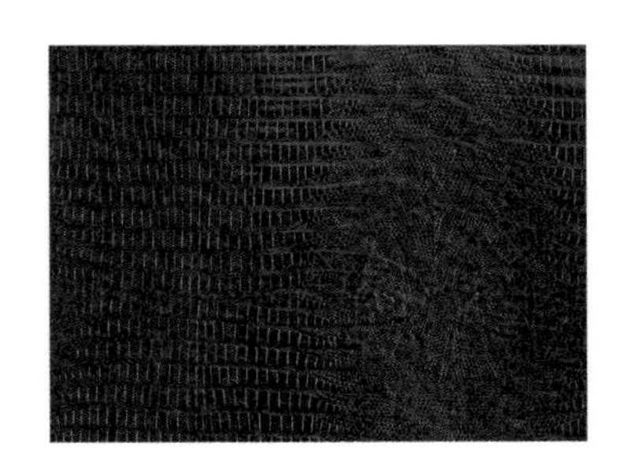

壓紋皮

在皮革上壓製動物紋路，比如豹紋、鱷魚紋、蛇紋，多在牛皮上壓製。如是加工技巧精湛質感也屬上品。

鞣製方式

生皮必須經過處理才能使用，這種處理的過程稱為鞣製。在清洗、去除毛髮、肌肉與脂肪後，以特殊的藥劑浸泡。使用不同的鞣製劑，皮革會呈現出不同的特性，鞣製之後的皮革可以經過上油，增加柔軟和耐水性。鞣製法主要分為植物鞣法和鉻鞣法兩種。

植物鞣法：採用天然植物萃取物質來鞣製，這類皮革觸感雖不是最柔軟，但其原色度會因氧化與人手上的油分及使用時間與習慣而加深色度，便得油亮色彩更飽和，許多皮革玩家偏愛這種方式，牛皮最常用這種方式來鞣製成光滑面皮革。

鉻鞣法：採用化學劑鞣製，軟化皮革纖維，這個方式觸感最柔軟，染色後也不易掉色，但製作時會產生微量毒素。

工具介紹

1.**裁皮剪刀**：裁剪皮革，無論硬皮或軟皮，使用起來都非常順手，但要避免用力失當而造成手部肌肉受傷。

2.**圓孔棒**：在敲打壓扣與卯釘需要的孔洞時使用，建議使用壓扣或卯釘公面需穿過的直徑即可，打上的釘扣才不易脫落。（3～10mm口徑，共7種尺寸）

3.**皮革用手縫針**：這種縫針比一般裁縫用手針來的好用，針頭是圓形，不會在穿過皮革時刺穿或卡住，但要常上油保養，以保持順手度並防止生鏽。

4.**菱形打孔器**：用來打手縫針孔，依不同的孔數會有不同的孔洞間距。以4孔最實用，2孔或單孔的適用於圓弧棉條。

5.**皮革專用手縫麻線捲**：有各種色系可選擇，有彈性又牢固不易斷裂，有多種粗細尺寸，如果怕麻煩可以選擇預先染色好的麻線，使用前先上線蠟，比較好縫、不掉色。

6.**手指套**：手縫時使用，建議挑選厚質地的橡皮手指套，會更好施力也不易勾破。

7.**卯釘敲合棒**：將卯釘敲合在皮革上時，使用的器具。

8.**槌子**：有木製與金屬等不同材質，建議選擇有點重量的槌子，會比較好用。

9.**菊花型密合棒**：在敲打壓扣時使用。

10.**一字椿**：在敲打一字型開口時使用。

11.**銀筆**：畫出來是銀色線條的筆墨，在皮革背面留下的筆跡很容易就能清除。

12.**圖案打印椿**：建議選用白鐵材質，較不易氧化，圖案線條才不會糊掉。

13.**金字塔釘敲合棒**：金字塔釘專用的敲合器，其他釘子不適用。

14.**四合扣敲合棒(2～5mm)**：可壓合四合扣的凹面。

15.**U型打孔器**：打皮帶孔洞力，需搭配皮帶扣針的形狀使用。

16.**線剪**：剪線器，便宜又好用。

17.**膠板**：敲打時，置於工具下方。

4
8
16
10
2
15
14
2
14
17
4
9
7
14
14
5
1
3
13
12
11
6

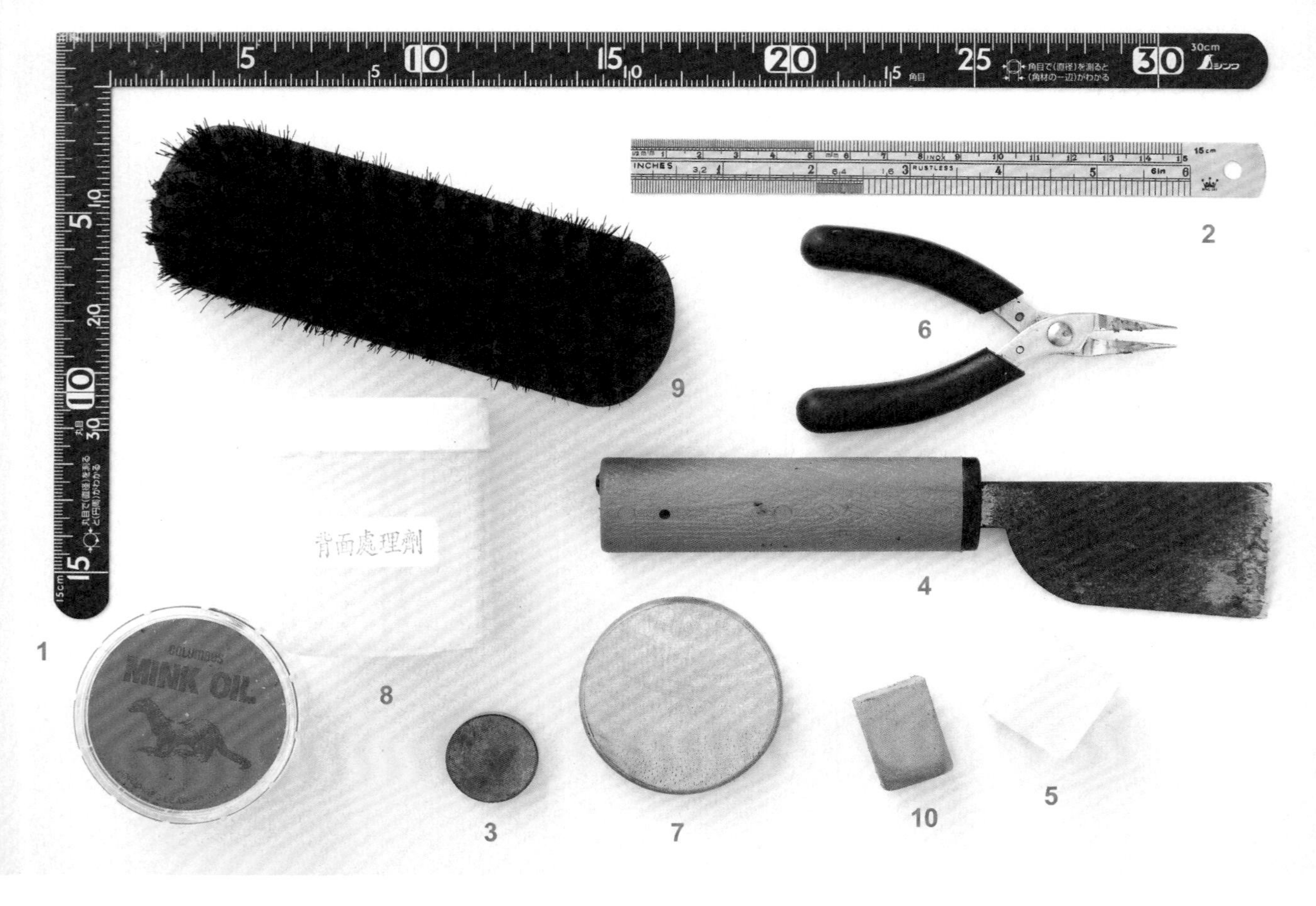

1. **不鏽鋼直角尺**：重量夠可以壓著皮革不會在打版時滑掉，直角尺在畫方型時可精準畫出你要的方角

2. **不鏽鋼直尺**：只要是金屬製的都可以，比較耐用，最好準備長短各一，方便使用。

3. **打扣環台**：打扣環時，墊於下方。

4. **裁皮刀**：裁切厚重皮革時使用，傳統正確握法是將刀片圓弧形面朝外，垂直面朝內，握緊刀片上方握把，拇指不要握入手掌內才好施力。

5. **縫線蠟塊**：可以避免麻線因為纖維較粗而脫毛或分岔，並保持縫目整齊及鬆緊一致，並防止掉色、沾染污垢與防水。

6. **小尖嘴鉗**：在縫製時，如果針穿過孔洞有困難，可以用尖嘴鉗輔助施力。

7. **磨圓木器**：製作原木色厚牛皮時使用，將裁切邊緣磨圓。

8. **皮革處理乳液**：為避免牛皮毛面起毛，塗上乳液修整使表面平滑。

9. **軟毛刷**：製作完成後，刷去殘餘皮屑。

10. **皮革用去膠橡皮擦**：將剩餘殘膠清除，非常好用，屬於消耗性用品。

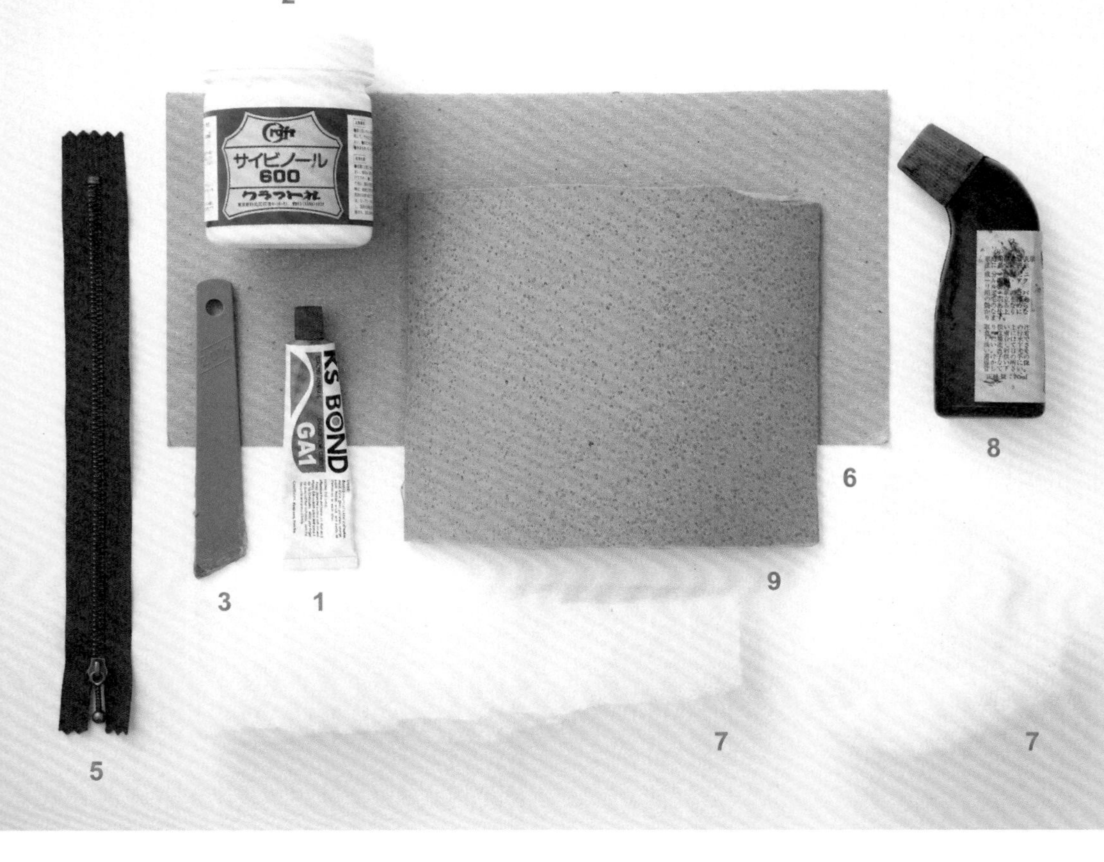

1. **皮革專用粘膠**：沒乾透時味道較濃厚，有些嗆鼻，建議在通風處使用，黏性強乾透後就很難撕開，使用時要特別注意。

2. **皮革專用白膏**：依乾透的速度分為不同種類，在乾透後可以再撕開重新黏貼，殘膠容易清除，非常適合初學者使用。

3. **黏膠用刮刀**：將黏膠刮均勻時使用，也可以拿生活上用的平板形狀物件代替。

4. **軟膠墊**：敲打時用來墊在物件下方。

5. **拉鍊**：有塑膠與金屬製，使用長度與皮件預留拉鍊長度相同即可。

6. **紙板**：多作為加厚用途，比如夾在皮革中間以加厚皮革總厚度及增加挺度，通常選用有硬度和厚度的紙卡，可以視作品需要選擇。

7. **海綿**：有蓬鬆式與扁平舖棉兩種，尼龍人造海綿較蓬鬆，天然棉花比較健康與環保，但是需要經常曝曬，以消除濕氣。

8. **邊漆**：作為修飾皮革裁切邊緣，有防進水功能。皮革專用粘膠：沒乾透時味道較濃厚，建議在通風處使用，黏性強乾透後就很難撕開，使用時要特別注意。

1. **卯釘**：將皮革兩面或多面固定用，也可當作裝飾設計，分凸起面與凹面。

2. **四合扣**：俗稱壓扣，在背包或袋子上會常看到這種扣子，作為扣合開口用。

3. **皮帶扣**：選用時，以背帶寬度來決定背帶扣內徑寬度，書中依作品設計與尺寸不同，分別選用較厚實質感和輕薄型的皮帶扣。

4. **隱藏式磁扣**：以圓形居多，平面直徑大小可以依作品尺寸大小搭配，結構分凸面（公面）、凹面（母面）。

5. **活頁夾**：有分不同活頁孔數，常用的是「小六孔、大六孔」，有「銀、青、銅、紅銅色」可選擇。

6. **連接環**：有基本色系可選用，是一種圓環中空或半月形環，鐵製重量較重。內徑大小有很多尺寸，最小有3mm內徑，可作為兩條物件間的連接與裝飾。

7. **魚鉤夾**：作為勾掛用，可搭配半月環或圓環使用，直接扣合在背帶上。

8. **中空環**：多用於固定洞孔，防鬆脫，裝飾性強，分為凸面和一片環，將兩者穿過洞孔後，夾住皮革，再用菊花斬敲打並壓平。

9. **龐克釘**：是以螺絲固定，有多種尺寸可選擇。

10. **圓珠扣**：扣合方式裡最好組裝的種類，用來當作開口扣合用。

皮革保養與清潔

適當的保養與清潔好處多多，
可以延長皮件壽命又能保持皮革光澤。
以下列出生活易遇到的突發狀況，
提供簡易解決方法，所需材料在百貨公司、
皮革或皮包修繕專門店就能購得。

光滑面皮革清潔要點

- **沾到原子筆等的墨水**：用皮革專用去污軟質橡皮擦即可擦除，不傷皮革表面。
- **沾到膠水、強力黏膠**：以皮革用專門去膠橡皮即可輕鬆擦除，在剛沾到的半乾狀時最好清除。
- **霉點**：拿棉布沾水擰乾點，輕輕擦拭幾次，去除後陰乾即可，建議整個皮件都擦拭以預防未冒出的霉擴散。台灣氣候潮濕，難免發生發霉的情形，建議多拿出來使用，或於長期保存時放入乾燥劑即可預防。
- **下雨或碰水弄濕**：表面先用棉布擦乾，並在內裡塞乾報紙加速吸濕，記得更換乾報紙才能快速吸濕，之後在通風處陰乾即可，切記別直曬陽光，皮質會變硬。

光滑面皮革簡易保養

- **原色牛皮**：養色需用牛腳油擦拭，可加速色澤油潤。
- **各色系皮革**：每1～2周清潔完畢後用皮革保養油輕擦，可延長皮件壽命也有養色的功效。

麂皮清潔要點

- **沾到灰塵**：如果是少量灰塵，直接用軟毛小牙刷輕刷即可，最好使用舊的軟毛牙刷。不要太用力刷，這樣會傷害絨毛，或可能把絨毛給刷掉了。如果是大量灰塵，直接用擰乾的棉布輕輕擦拭，隨後於通風處陰乾即可。
- **沾到原子筆等的墨水**：因為要顧及絨毛完整，必須使用麂皮專用泡沫清潔劑來清潔，隨後於通風處陰乾。
- **下雨或碰水弄濕**：與光滑面皮處理方式相同。
- **霉點**：利用麂皮專用去霉清潔劑即可清除，隨後放在通風處陰乾。

皮草清潔要點

- 為了保護皮草美麗毛料，遇到各種髒汙，都要用皮草專泡沫清潔劑清潔，隨後陰乾，並用鬃毛刷輕輕梳鬆即可恢復蓬鬆模樣。
- **發霉時**：如發霉嚴重，必須送皮革專門清洗店乾洗。
- **皮草類簡易保養**：用鬃毛刷每1～3周刷除皮草灰塵，每半年乾洗一次，就能延長壽命，並保持皮草美麗模樣與原始的蓬鬆感。

皮革DIY工法

製作皮件的基本技巧，
在於剪裁、縫製、磨光、印花、膠合等，
將皮革處理成各種形狀，再組合起來，
並以不同方式，增加設計感。

裁皮刀直線裁法

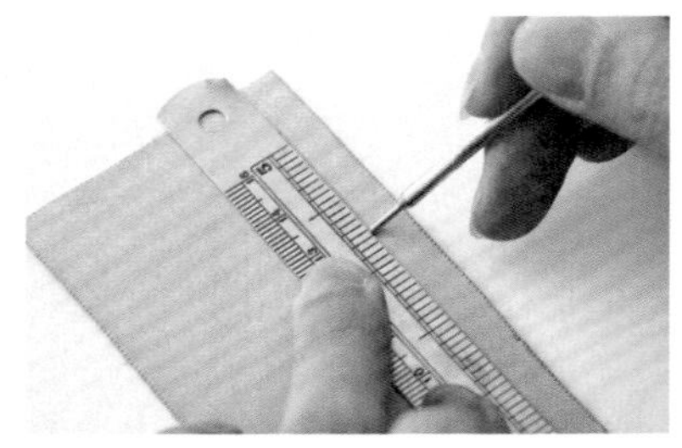

1 將作品所需版型，在皮革上以用銀筆與直角尺或直尺，根據尺寸大小畫好邊線。

2 用裁皮刀鋒壓在銀筆線內緣敲打裁切，因為畫版型時是線條內緣靠著尺，所以線條內緣才是正確尺寸。

3 再將裁皮刀朝外的刀鋒作為力點，下壓定點、以木槌敲打施力，裁切皮革。

4 之後平放刀鋒，平均敲打切面，切開皮革後，需在這個以開的皮革末端重覆壓下重力點，再度敲打裁切，重覆以上步驟。重覆壓線可以預防每刀敲出的邊緣有過大凹陷，可使裁切的邊緣平順。

裁皮刀
弧線裁法

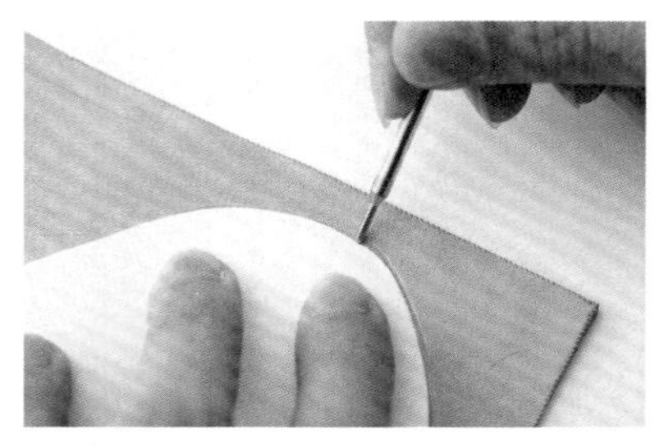

1 沿著紙型在皮革上描邊，作為剪裁時的草圖。

2 在圓弧線內緣用裁皮刀的朝外刀鋒處作施力點，壓好敲下，但不要敲穿皮革，

3 每刀重覆以上作法，完成一圈圓弧後，在重覆第二圈將皮革圓弧敲開。

4 裁皮刀以支點施力而非平面施力時，木槌敲打的力量，要著重於單點。

裁皮剪刀
直線剪法

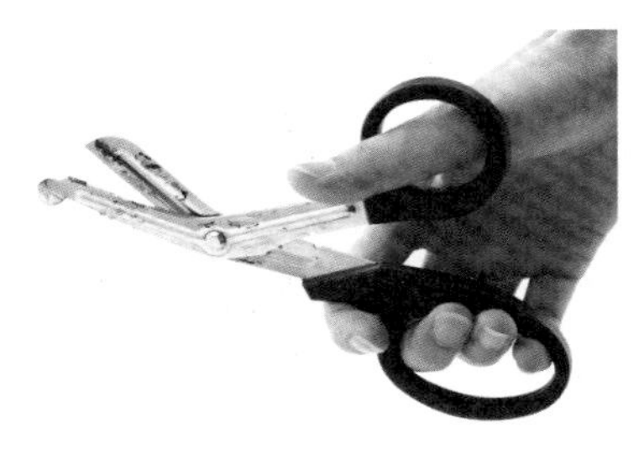

1 裁皮剪刀的拿法，拇指穿過小洞，三指穿過大洞，中指伸出，方便控制方向。

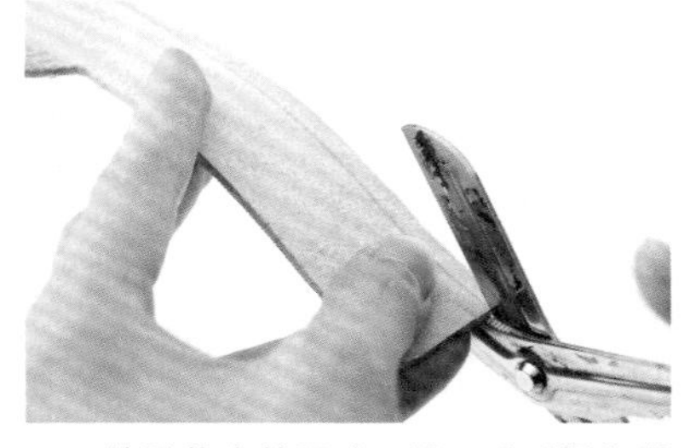

2 使用裁皮剪刀時，另一手以拇指與食指分開，上下夾住的方式固定皮片。

3 如果是平口剪刀，建議將皮革背面朝上來剪，裁出邊緣會較平滑。

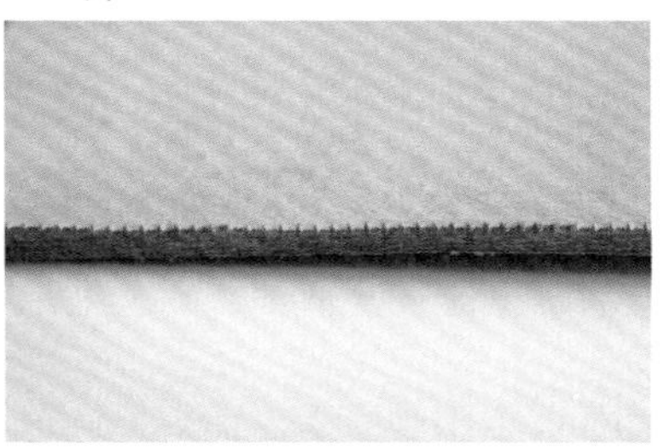

4 如果是細鋸齒形的剪刀，要把皮革擺為正面來剪裁，正面邊緣才不會剪出鋸齒狀。

裁皮剪刀弧線剪法

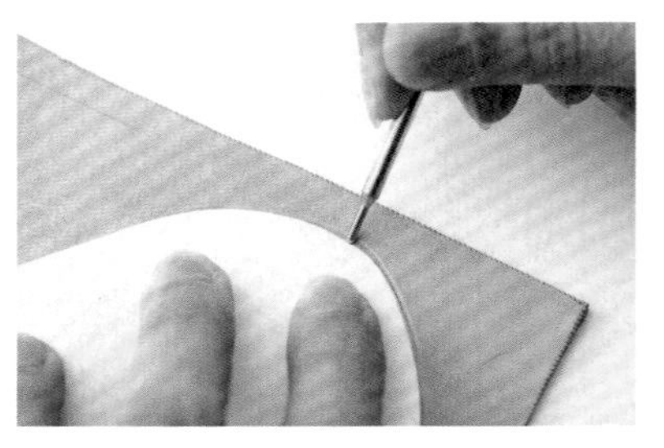

1 沿著紙型在皮革上描邊，作為剪裁時的草圖。

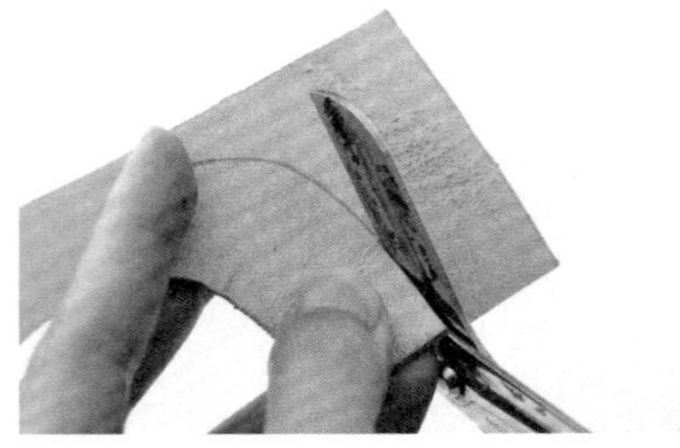

2 一點一點慢慢剪，靠剪刀邊的皮革以圓弧方向轉動，這樣就可以剪出漂亮圓弧。

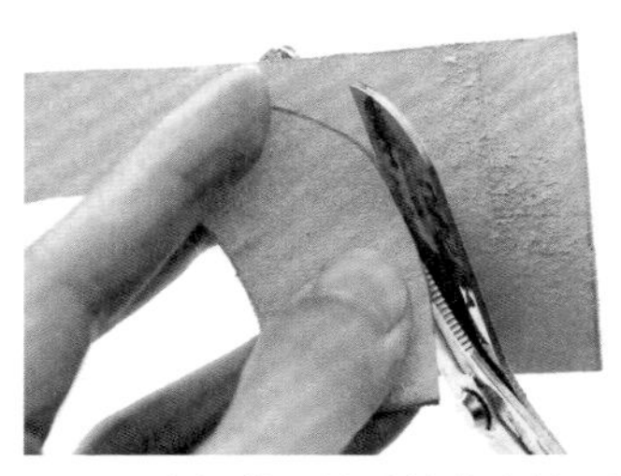

3 以沒握剪刀的手轉動皮革，讓刀鋒緊貼著線條邊緣裁剪。

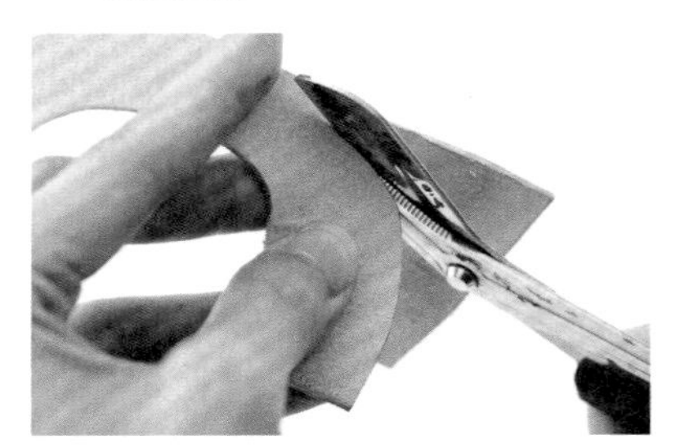

4 用剪刀裁皮時要注意手的力道，避免用力過猛而傷害手部。

磨光修飾

1 用棉花棒或是圓錐形棒沾取皮革專用乳液，均勻塗抹於皮革上。

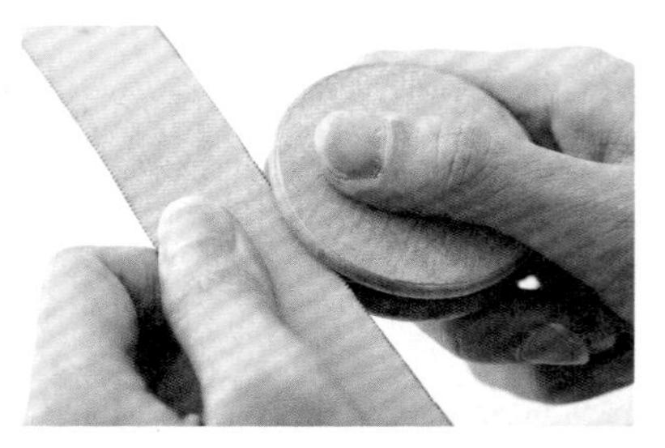

2 待乳液自然乾燥後，以磨圓木器來回磨擦邊緣，直到泛出光澤為止。

3 上圖為磨光後的皮革切面，下圖未磨光的皮革，表面較為粗糙。

4 大面積的磨光，則在塗上的乳液乾燥後，使用磨圓木器的平面磨至發亮。

蠟線穿針法

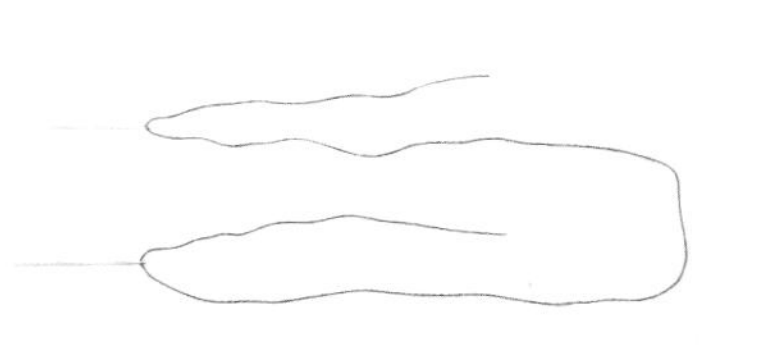

1 分別將麻線二端，穿過縫針備用。

2 帶好手指套，拿起蠟線一端，將針從距離針尾約6.5cm處的位置穿入麻線中間。

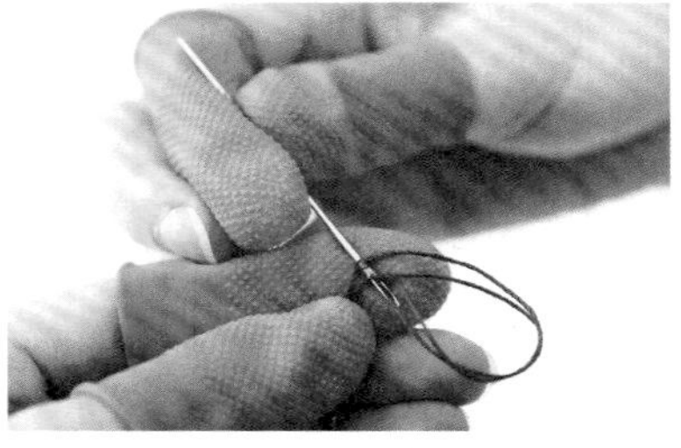

3 再將針整個推出全部線圈，作成固定的線頭，這樣才不會脫線。

4 完成後的線呈現麻花捲的狀態，兩端線頭都要這樣處理，形成一條麻線兩端各有一根針的狀態。

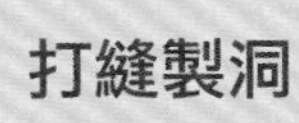

打縫製洞

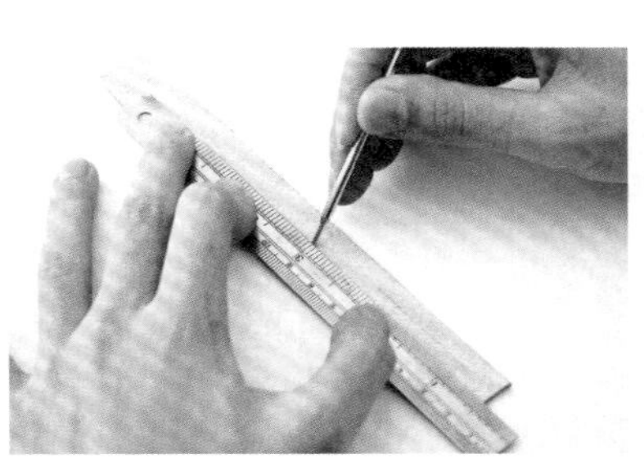

1 以銀筆與尺畫出縫線位置線條，在要打洞的皮革下墊入軟膠墊，並在已畫好的縫製線一側開始，準備用四孔菱形打孔器打洞。

2 開始打洞前，先將四孔打孔器平放於皮革上，在打孔器上端用木槌用力敲打幾下，重覆以上動作，直至洞孔打穿。

3 敲打下一刀時，第一個刀孔要抵住上一刀的最後一個洞，以保持相同間距。

打縫製洞要點

打圓弧型和短距離縫製線時，要用兩孔或單孔菱形打孔器替換使用，以避免敲出歪斜的縫製洞。

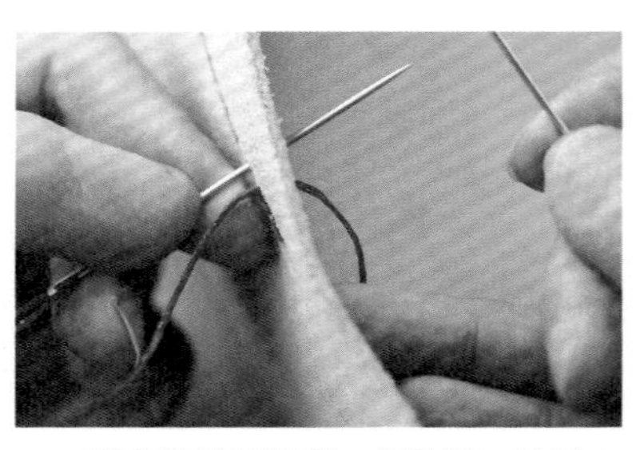

1 將左邊針穿過第一個孔洞，拉至右邊，將線全部穿過。

2 右邊穿洞時，針頭要在線下方，且每一針都維持相同的方式入針。

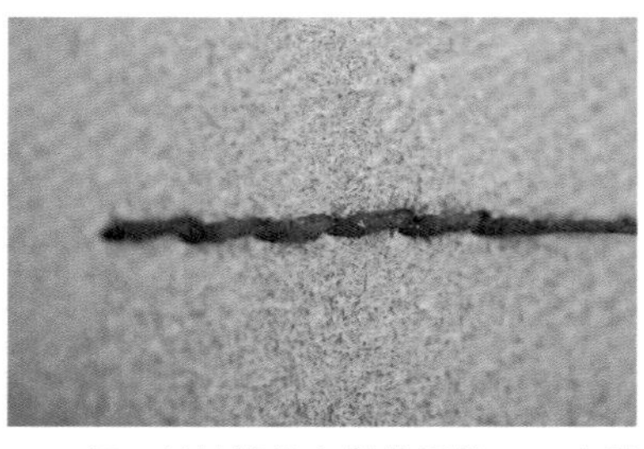

3 每一針拉線的力道最好統一，才能保持相同的線距，呈現整齊的直線。

4 打結的方式，是在皮革背面重覆打二個活結，以線剪將線頭剪斷即可。

以裁縫機車縫

用縫紉機來車縫，需要先學習基本的直線與圓弧的技巧，每個廠牌的縫紉機的操作方式略有不同，但原理相同。

初學者可多用碎布與碎皮練習。建議選用大廠牌的縫紉機，馬力足夠，也比較耐用，價格約在七千元到兩萬元之間。

1 先用圓孔棒打孔洞。

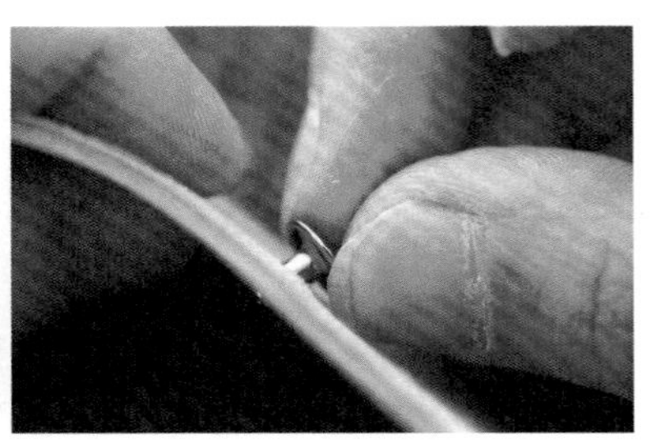

2 將卯釘腳穿過孔洞。

3 將卯釘母面壓合在穿過的釘腳上。

4 最後用卯釘敲合棒敲至密合。

1 把四合扣穿過孔洞。

2 把合扣上蓋組的母面套上。

3 用菊花斬於中央位置，敲打至密合。

4 合扣下座也重覆相同方式，完成後即可扣合。

打印

1 先用少許水將皮面沾濕。

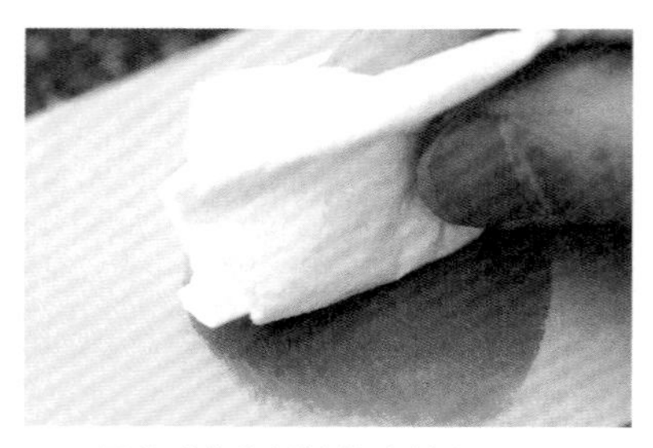

2 用布或衛生紙擦乾多餘水份。

3 將圖案打印棒壓穩，以木槌敲打至敲出圖紋即可。

打磁扣

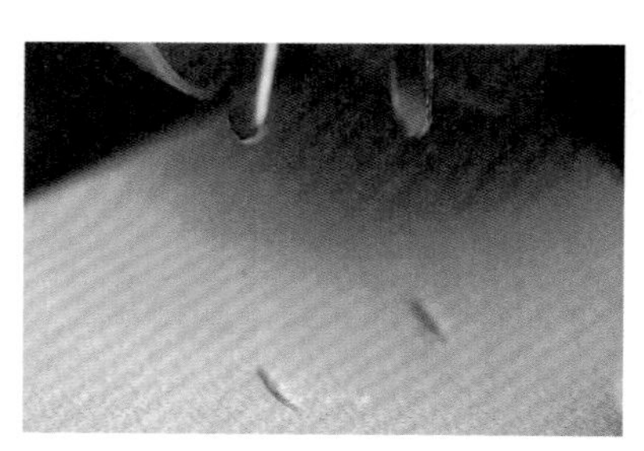

1 先用一字椿打出二孔，再將磁扣公面的二腳穿過孔洞。

2 在穿過的腳片上壓入套片，並往外壓平腳片，磁扣公母面皆以相同方式製作。

不同扣形用不同工具

打扣的方式大同小異，通常是敲出圓孔之後，將扣子穿過，再以木槌與不同扣具敲合。最大不同在於使用的工具模組，金字塔釘的敲棒呈金字塔狀，卯釘則是有大小不同尺寸，建議初學者剛開始只要購買常使用的基本款式，等到熟悉技巧之後，再慢慢添購。

皮染與皮雕

除了利用皮革本身的色澤，有時候可以不同的染料，使皮件作品產生不同的風格與特色。皮染法有許多種，可依皮革的質地、用途與效果選擇。染色後的作品意境與自然皮革調性不同，各有優缺點。

一般皮革用的染料分為鹽基性、含金性、酒精性等，因其化學性質不同，調色時不一定能互相混合，但可以在皮革上重覆塗上不同種類的染劑，基本原則是選擇相同性質的搭配使用。

而皮革染色技巧大致可分為三種，工筆畫法、乾塗法與油染法。

工筆畫法

工筆用於表現深淺柔和與寫實情景時，依不同部位上色，想要加深色調，即重覆塗上色。

乾塗法

乾塗法是突顯出某些部位，但大部份想保持皮革原色時使用，以棉布沾染料塗在皮革上。

油染法

油染法是於皮革雕刻凹陷部份，將染料塗入，再以棉布擦去，是強調陰影的染色方式，可以凸顯印花工具雕刻後的立體感。

Chapter 2

千變萬化的皮革設計

皮革的奧妙之處在於它具有柔軟的質地，但也具備堅固、耐用的特性。本章精選各種手工裁縫皮革提包造型及精美的小物配件，搭配不同的皮革樣式變化出如名牌精品的高質感。不需要花大錢也能享受時尚皮件的精緻觸感。

可愛心型鑰匙圈

擁有獨特手作溫度的手作皮件，總能帶給人自然與質樸的感覺，
紅色的愛心款式不退流行。

＊做法第63頁

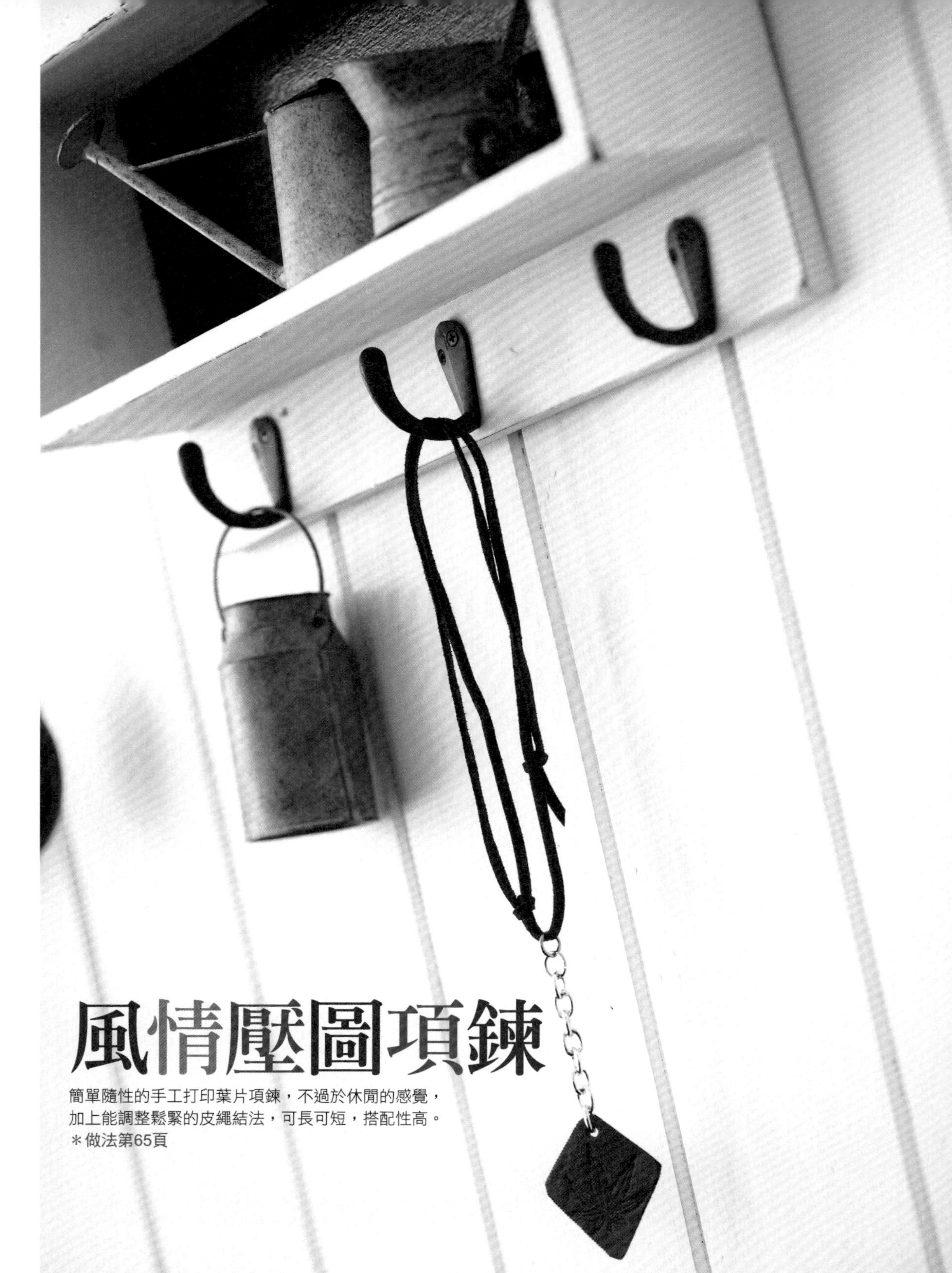

風情壓圖項鍊

簡單隨性的手工打印葉片項鍊，不過於休閒的感覺，
加上能調整鬆緊的皮繩結法，可長可短，搭配性高。
＊做法第65頁

俏皮花型磁鐵

皮革的粗礪質地與單色三角花型設計，
讓生活時尚感加分。

＊做法第67頁

雅痞隨身滑鼠墊

利用可捲折的皮革材質特性，製作方便隨身攜帶的滑鼠墊，外出洽談時自然流露出眾品味。

＊做法第68頁

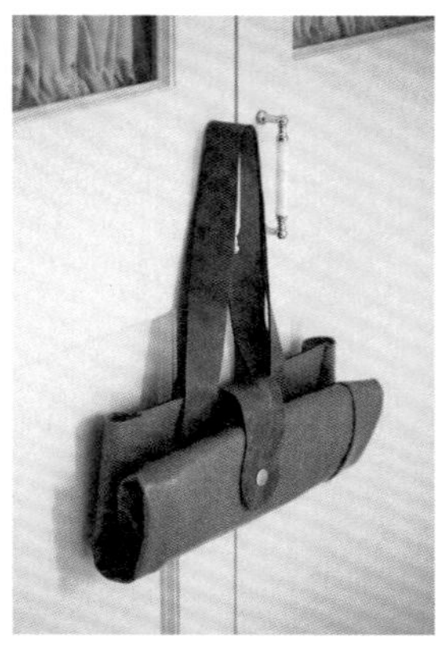

便利時尚購物包

柔軟輕盈的小羊皮觸感，可以折起來放在外出包裡，不佔空間，隨時方便購物。

*做法第70頁

兔毛造型髮圈

蓬鬆的毛皮革，洋溢著少女般的活潑氛圍，
隨意束在髮上，大方展現可愛的青春氣息。
＊做法第70頁

硬式車票夾

重現傳統皮革的簡單手感風味，
附上掛環可勾掛在包包上或當做鑰匙圈使用。
＊做法第74頁

西部牛仔煙盒

小容量設計適合菸量少的人使用，硬挺質感，讓整體造型呈現輕搖滾格調。

＊做法第76頁

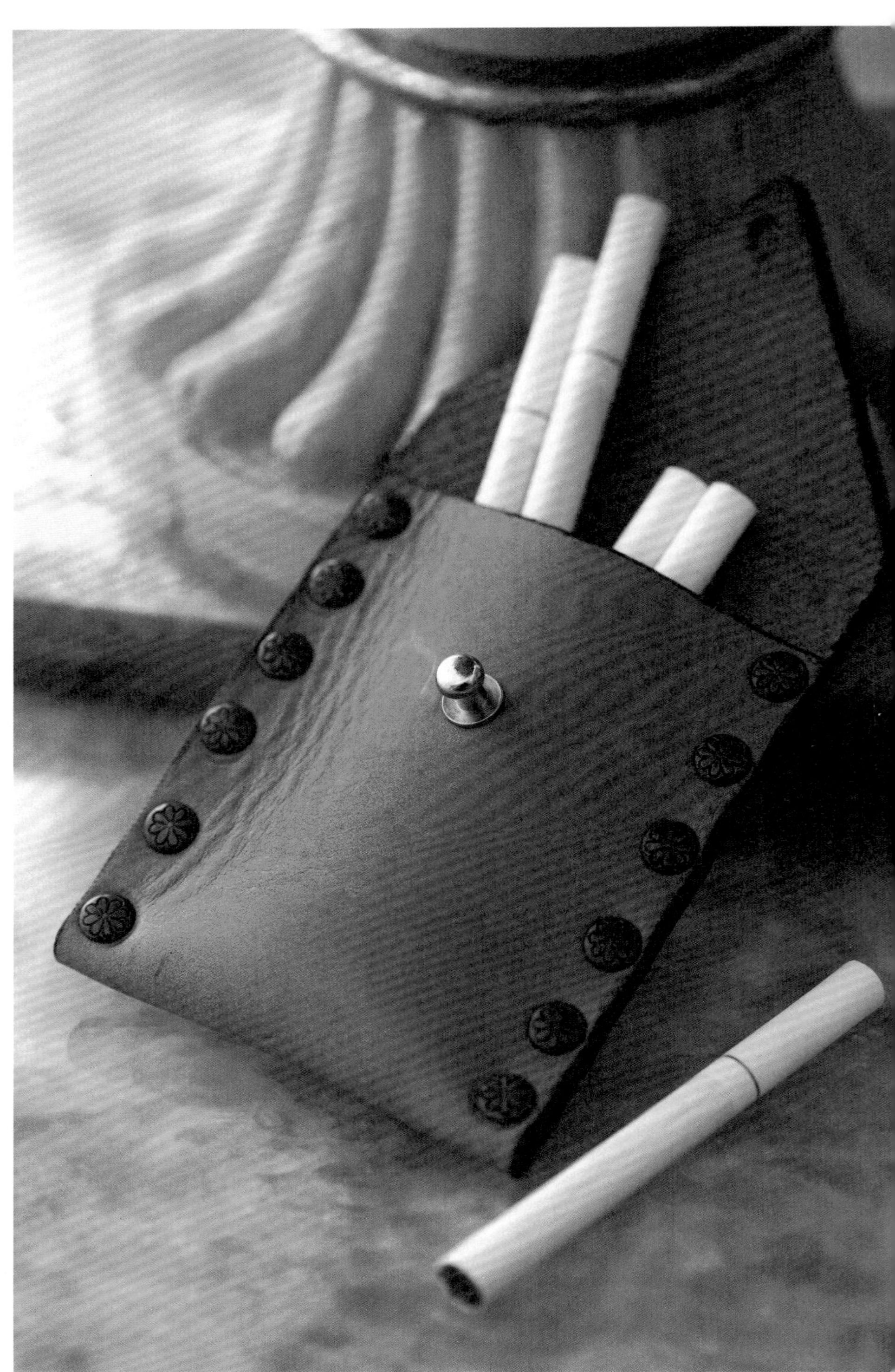

率性名片收納冊

四個角落的3卯釘設計，增加使用堅固度，
亮面綿羊皮近乎素面的紋路質感，令人愛不釋手。
＊做法第78頁。

麂皮輕便椅墊

熱情的紅與冷調的灰，雙色混搭適合搭配極簡設計的座椅，
四個角落的綁帶可固定在椅子上，讓椅墊不易滑動，
或自然垂下當作裝飾。

＊做法第80頁

簡約白色名片夾

軟軟的觸感兼具厚實觸感，有別於一般名片夾的生硬嚴肅感，
休閒時刻攜帶能非常融合整體風格，雙格設計讓名片收納井然有序。
＊做法第82頁

時尚寵物項圈

華麗閃亮兼具低調的設計，反扣方式的扣環，使用更順手。

＊做法第84頁

黑色個性腰帶

想要擁有適度的搖滾風味，卻不希望整體造型太過粗獷時，可嘗試在配件中融入個性物件，呈現帥氣感。

＊做法第86頁

拱型鑰匙袋

每日必備的鑰匙，使用鑰匙包收納，就不會刮傷包包內物品。

＊做法第88頁

超大收納名片冊

手工感與粗礦風的設計，
獨特的天然皮革疤痕為設計重點，
能裝入160張名片。
＊做法第90頁

對折式鈔票夾

帶點復古風味的鱷魚紋上以紅色粗麻線手工縫製，
別緻的手工感極具特色。
＊做法第92頁。

閃亮手機套

紫色與銀色配色，使時尚味倍增。
簡單的蛋捲造型，使用順手、簡便。
＊做法第94頁

深色衛生紙盒

觸感極佳的咖啡色水牛皮與深咖啡綿羊絨毛皮，
外型簡單大方，散發優雅氛圍，附有蓋扣，
不使用時，可防灰塵。

※做法見第96頁

絲絨鉛筆袋

低調的銀色扣環加上寶藍色絲絨的時尚精緻，
POP的設計富饒玩心。
＊做法第98頁

成熟品味公事包

跳脫傳統皮革設計的刻板印象，
利用色彩讓皮革呈現多元及獨特豐富的一面，
日常用品充滿生命力。
＊做法見第100頁

華麗手機吊飾

大膽的配色與水鑽設計，讓手機造型亮起來，可以自由放上不同的英文名字。

＊做法見第102頁

典雅實用記事本

觸感特別柔順輕盈，沈穩的深綠色剛中帶柔，
不過度誇張的俐落設計，上班族使用也很OK。
＊做法見第104頁

可愛雙色牽帶

粉嫩色調加上金屬的精緻感，讓寵物用品多了時尚感。

＊做法見第106頁

粗獷感黑色手環

呈現搖滾的頹敗風格，誇張的金屬卯釘設計，增添趣味性。

＊做法見第102頁

紫色相機包

潮流華貴的紫色混搭樂活風的白色縫線，
時尚中增加了些親切感。

＊做法見第53頁

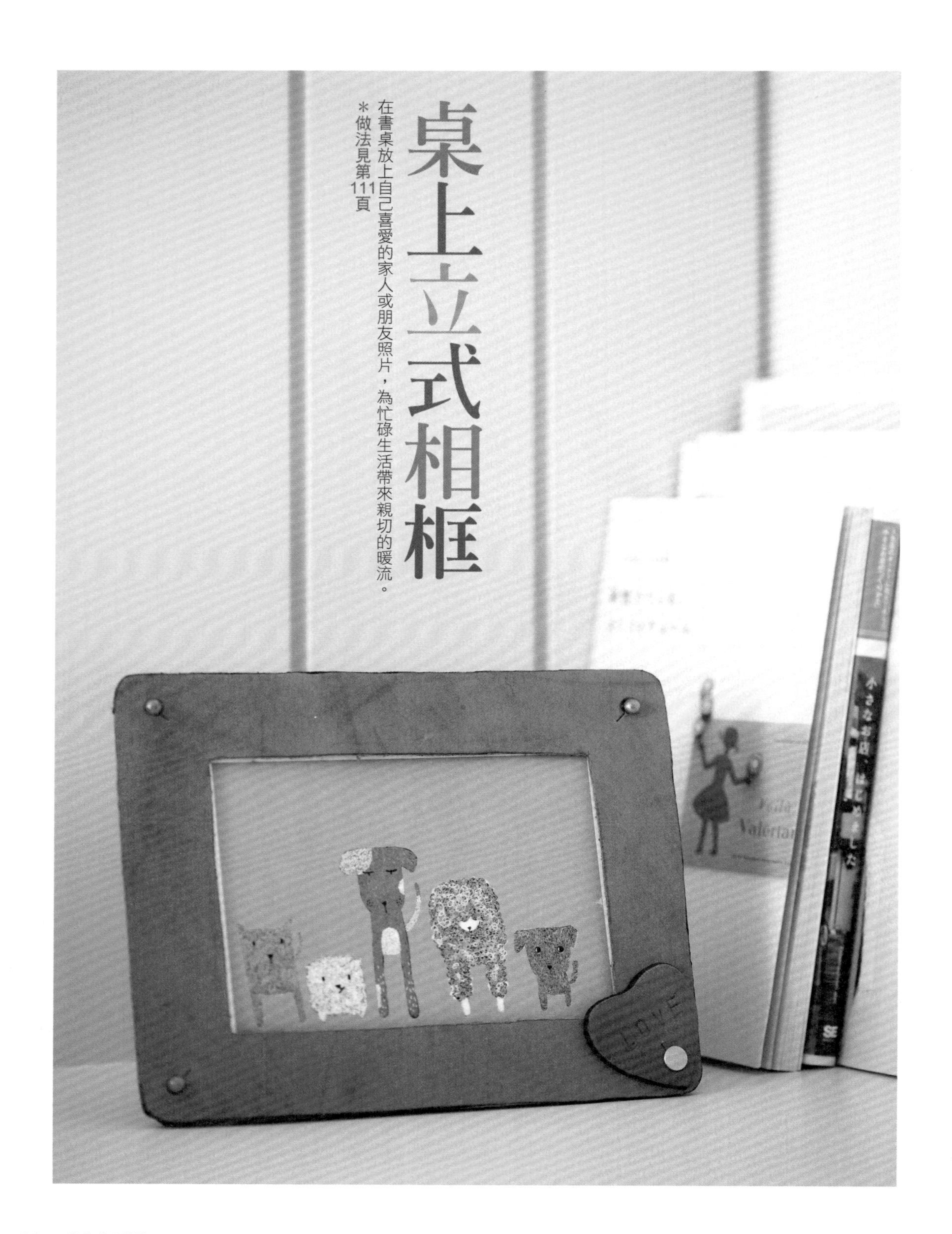

桌上立式相框

在書桌放上自己喜愛的家人或朋友照片，為忙碌生活帶來親切的暖流。

*做法見第111頁

甜美感混搭胸花

華貴的皮草加上熱情隨性的紅色麂皮，
盡情展現女孩味風格，為單調的服裝加分。
*做法見第113頁

幾何圖紋書套

皮件質地堅韌且厚實耐用，將時尚與創作設計結合，
完成實用且獨一無二的作品。

＊做法見第115頁

高雅質感化妝袋

跳躍色彩的配置對比強烈，寬大的內側方便隨意放置化妝筆刷和化妝品，收取物品十分方便。

＊做法見第117頁

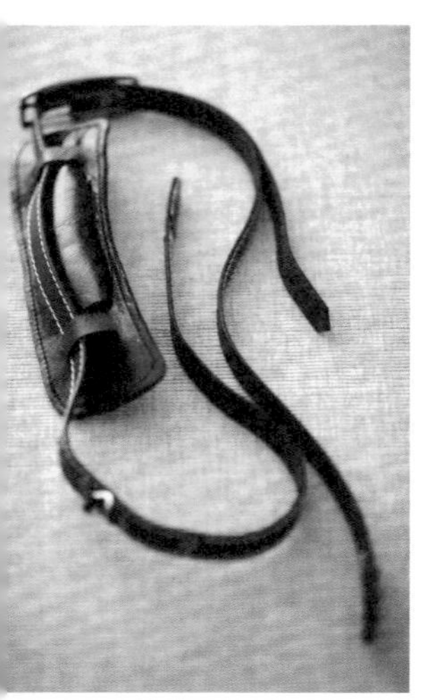

吉他背帶

極細版吉他背帶、白色線鑲邊加上柔軟護肩，低調風格是讓人愛不釋手的經典款。

＊做法見第119頁

原色肩背包

好看耐用的厚牛皮，經長時間使用後，
顏色會變深且光澤圓潤，實用性的夾層也兼具裝飾功能。

＊做法見第121頁

壓紋牛皮書包

包包兩側可扣合，降低方形包包的菱角厚重感，鱷魚皮紋高調經典的奢華感，棉織背帶與三色金屬調合，平添了些許現代感。

＊做法見第124頁

Chapter 3

開始動手做

手不巧但是卻又想要挑戰手工藝品的人，不妨從最簡單的皮革飾品開始。依照紙型圖中標示的尺寸剪裁，根據步驟一一製作，特別需要注意的重點，更有清楚的圖示解說，當學會的簡單的作品之後，還可以發揮創意，製作更高難度的作品喔！

製作時間：約2小時
價格預算：約180元
難度等級：★★

可愛心型鑰匙圈（作品第29頁）

材料

皮　革	進口磚紅色鱷魚壓紋牛皮、原木色厚牛皮、芥茉色小羊皮
細軟料	棕色邊漆、皮革專用膠
金　屬	銀色雙圈鑰匙環、銀色連接環、金色菱形雕花鍊
工　具	軟膠墊、木槌、銀筆 圓孔棒（3～5mm直徑）、尖嘴鉗、英文字母字樁

TIPS：上邊漆時一筆筆慢慢上以免溢出過多。打印英文字時，要注意別用力過猛打穿皮革。

鑰匙圈紙型圖

❶心型皮片
❷皮帶

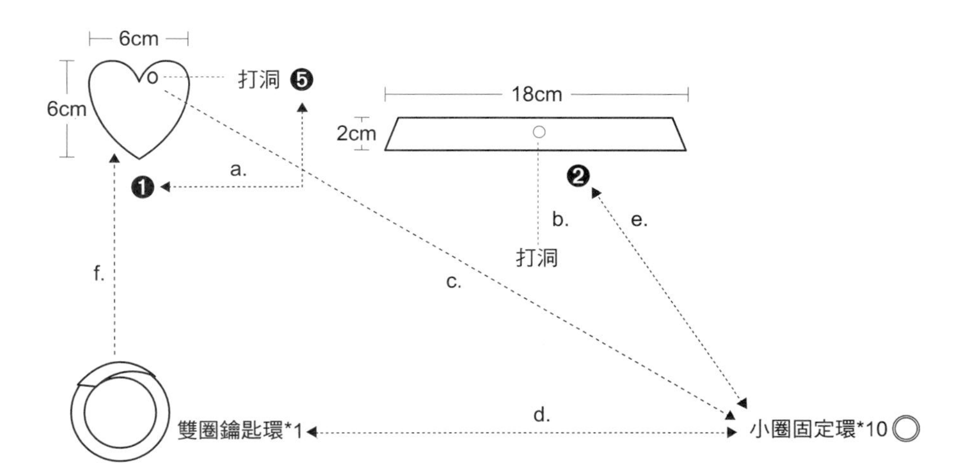

事前準備

· 將皮革背面朝上放置攤平後，用銀筆畫出紙型圖裡所需皮革版片。
· 將畫好的皮革版片用裁皮剪刀裁剪下來。
· 將愛心皮片周邊塗上邊漆，使其自然乾燥後備用。
· 將小皮帶打印上英文字。

作法

a. 用圓孔棒在愛心右上任一處打小洞 記得與邊緣保持間距至少5mm。
b. 將❷對折，打小洞以穿過鏈子。
c. 在❺處穿上連接環，作為一個連接鏈子之用。
d. 把鑰匙圈固定在鏈子另一頭。
e. 另外用數個連接環穿過皮帶❷的孔洞，連接打印好的小皮帶。
f. 再將e完成的小皮帶串在愛心鑰匙圈上即可。

製作重點

Step 1 在皮革背面畫上紙型，裁剪下來。

Step 2 在皮片上打印英文字。

Step 3 將皮片對折，打上小洞。

Step 4 將鏈子一頭穿過皮片，一頭穿上鑰匙圈。

Step 5 在心型皮革右上角打洞。

Step 6 利用中空環連接鏈子與心型皮革。

風情壓圖項鍊（作品第30頁）

製作時間：約1.5小時
價格預算：約150元
難度等級：★

材料

皮　革　紅色皮繩、原木色進口牛皮
細軟料　棕色邊漆、皮革乳液（背面處理劑）、圓木器、皮革專用膠
金　屬　金色連接環
工　具　軟膠墊、木鎚、銀筆、直尺、圓孔棒、大麻葉打印圖形椿

TIPS：敲打大麻葉時，要將葉子中央點對準，敲在墜子皮革的中央，並注意葉子是否擺正？

項鍊紙型圖

❶紅色皮繩
❹墜子用皮

70cm
❶
❸ d. ❷

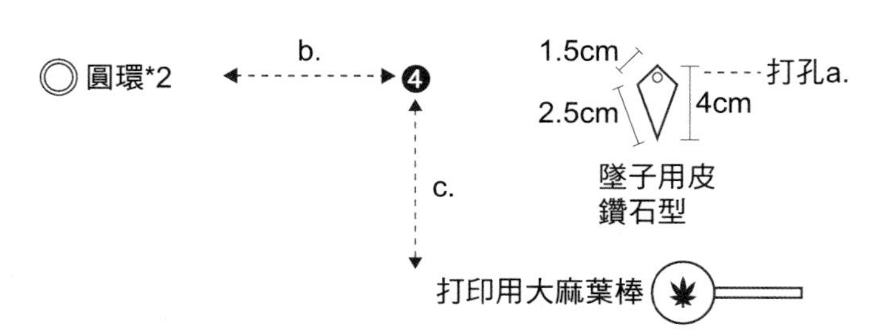

打結方式：❷❸交疊後❷　繞套❸ 打活結
另一端❸　繞套❷　打活結，可調鬆緊。

事前準備

．將皮革背面朝上放置攤平後，用銀筆靠著直角尺畫出鑽石型墜子尺寸，用裁皮刀或裁皮剪刀裁下備用。
．皮繩長度，剪下備用。

作法

a. 在墜子用皮上方打孔，以圓孔棒打孔，並在墜子皮邊塗上邊漆。
b. 將圓環套上墜子皮的孔洞上固定，並套入皮繩。
c. 在墜子皮上用指腹抹水，使皮革軟化，在乾燥前打上大麻葉壓印。
d. 最後將繩子左端繞右邊繩打活結，再用右端繞左邊繩打活結，即可自由調整項鍊長短。

製作重點

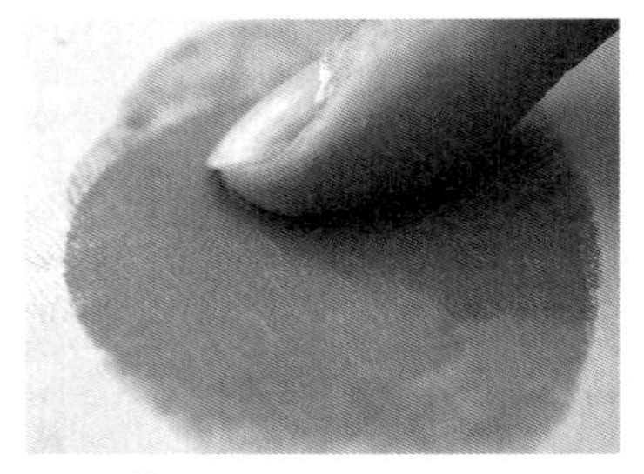

Step 1 以指腹沾水浸濕皮革。

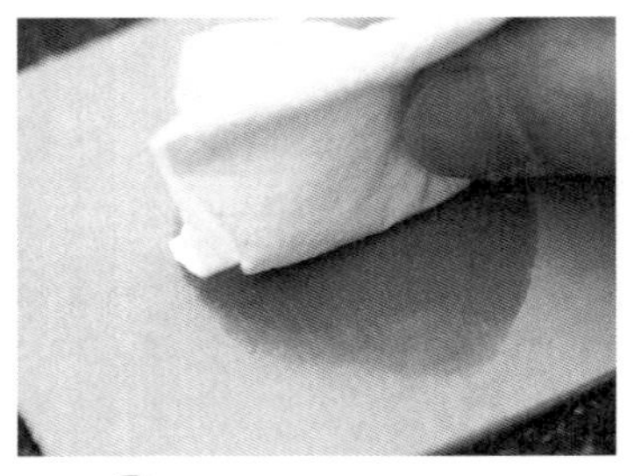

Step 2 可以用棉布拭去多餘的水分，皮革表面不能殘留水滴。

Step 3 在水分乾燥之前，打印上大麻葉。

Step 4 將皮革沾濕後，以打印棒打上圖案。

Step 5 在皮革上方打上圓孔。

Step 6 在邊緣塗上邊漆，放置一旁待其自然乾燥。

Step 7 在圓孔上以中空環連接鏈子。

Step 8 在鏈子另一端連接另一個中空環，再套入皮繩。

俏皮花型磁鐵（作品第31頁）

製作時間：約1小時
價格預算：約100元
難度等級：★

材料

皮　革　灰色麂皮

細軟料　黑色軟磁鐵、紙花版

金　屬　卯釘面8mm、腳5mm

工　具　軟膠墊、木鎚、卯釘敲合棒、卯釘敲合底台、裁皮剪刀

TIPS：拆下花紙板和皮花朵時，注意不要把花心弄散了。

磁鐵紙型圖

❶三角花型紙版
❷軟磁片

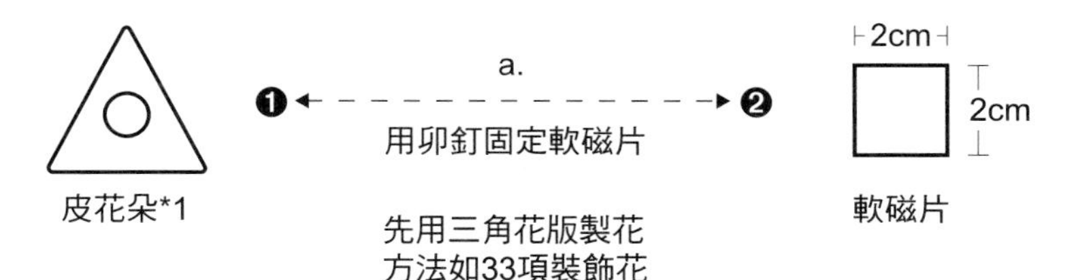

事前準備

- 準備20cm寬的皮帶，長度至少30cm，將花型紙板做好。
- 以皮帶繞紙板，折出皮花朵（折花的方式見第0頁裝飾花）。

作法

a. 將繞好的皮花朵以花心中央為基準，釘上卯釘面，再反轉至背面，將軟磁片❷置於後方作為底座，再釘上卯釘固定即可。

Step 1 將皮帶穿過花心，依逆時針順序重覆繞過三角花型紙板。

Step 2 翻至背面，在中央點釘上卯釘固定。

Step 3 最後用手指調整花瓣，使其更自然。

製作時間：約2小時
價格預算：約500元
難度等級：★

雅痞隨身滑鼠墊（作品第32頁）

材料

皮　革	義大利進口鐵灰色小羊皮、紅色皮繩
細軟料	黑色邊漆、皮革專用膠
金　屬	金字塔釘組
工　具	軟膠墊、金字塔釘敲合棒、木鎚、銀筆、直角尺、圓孔棒、皮剪刀

TIPS：敲打金字塔釘時 釘子間距要先測量好後再打圓孔，接著敲合金字塔釘，塔釘角度要先調整好再敲下去。

滑鼠墊紙型圖

❶滑鼠墊皮片
❷紅色皮繩

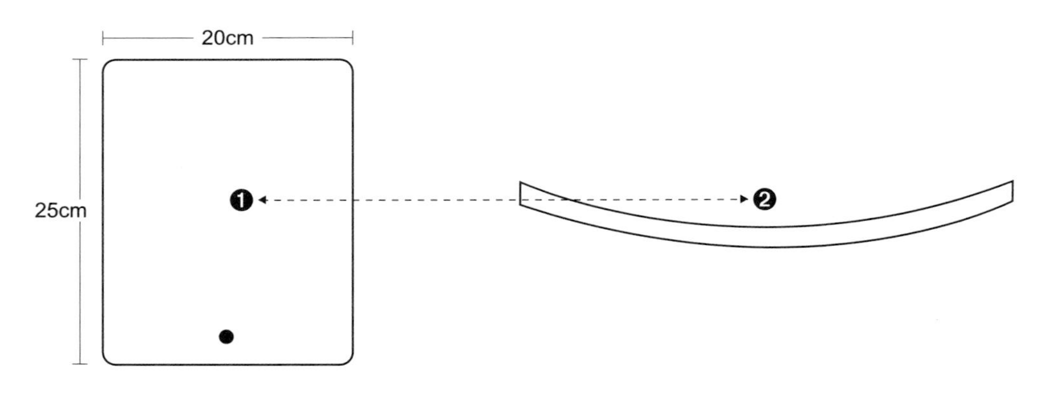

打動穿過皮繩打結

事前準備

- 將皮革背面朝上放置攤平後，用銀筆靠著直角尺邊緣畫出紙型圖裡所需皮革版片尺寸。
- 將畫好的皮革版片用裁皮刀裁剪下來備用。
- 剪一段紅色皮繩備用。

作法

a. 將皮片四周用黑色或深灰色車線車縫起來修邊。
b. 以挫刀磨平皮革邊緣，塗上黑色邊漆。
c. 在皮革正面的右上方和左下角分別打上三個金字塔釘，共六個，釘子方向可以自由調整。
d. 在滑鼠墊下方中央點打洞，將皮繩穿過洞並打結固定。
e. 最後在皮繩兩端打小結就完工了。

製作重點

Step 1 在釘上金字塔釘之前，先在皮革上測量適合的間隔位置。

Step 2 做好記號之後再敲出圓孔。

Step 3 將金字塔釘放入圓乳中，再以金字塔釘敲合棒敲緊。

Step 4 穿皮繩的洞，盡量不要太大，穿入之後才不易鬆脫。

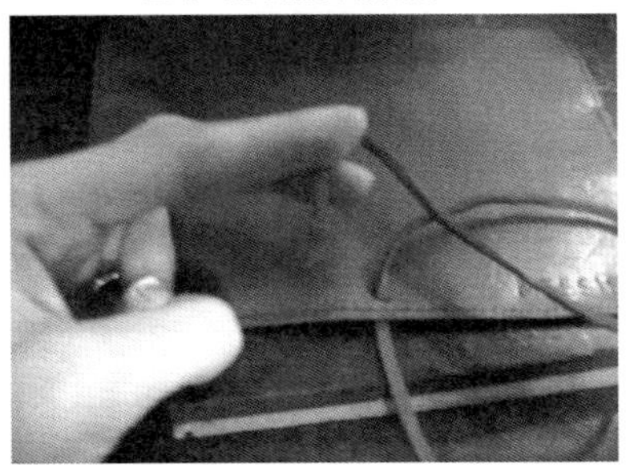

Step 5 最後在皮繩二端分別打結。

製作時間：約6小時
價格預算：約1000元
難度等級：★★★★

便利時尚購物包（作品第33頁）

材料

皮　革　駝色綿羊皮、白色豬皮

細軟料　棕色邊漆、皮革專用膠

金　屬　金色卯釘5mm、金色四合扣

工　具　軟膠墊、木槌、銀筆、直角尺、裁皮刀、縫紉機、卯釘敲合棒、卯釘敲合用底台、菊花斬、圓孔棒（3～5mm直徑）

TIPS：內裡接合邊緣需修至平整，手把連接位置也要特別注意尺寸精準。此款作品建議選用柔軟度強和輕薄韌性高的小羊皮製作，效果會更好。

購物包紙型圖

❶包體正面　❹側邊與底部
❷包體背面　❺側邊
❸包體扣帶　❻❼把手

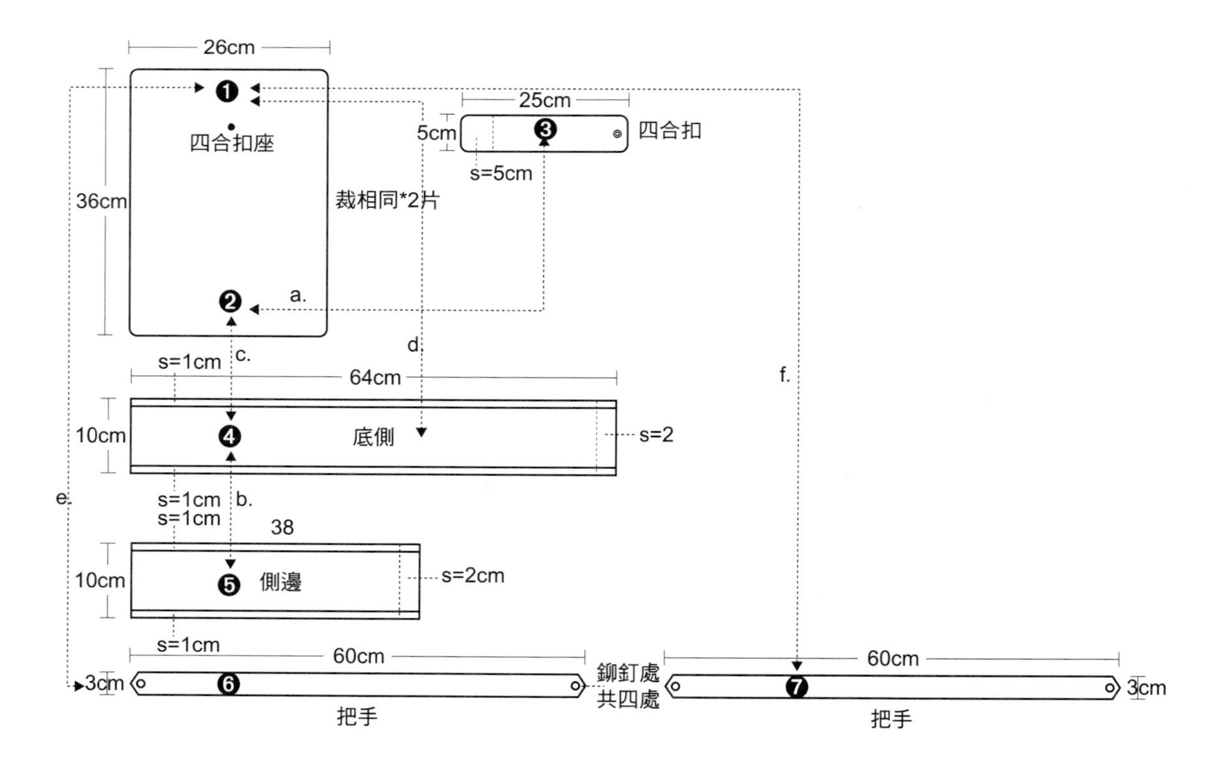

事前準備

- 依照紙型圖標式，將皮革背面朝上放置攤平後，用銀筆畫出紙型圖裡所需皮革版片。
- 將畫好的皮革版片用裁皮刀或裁皮剪刀分別裁剪下來備用。
- 將扣帶❸塗上邊漆，並打上四合扣母面。
- ❻、❼肩背帶先分別在四周留5mm縫分處，車邊修飾，然後塗上邊漆。

作法

a. 將❸縫分位置黏合在❷的上方中央點並以裁縫機縫合。

b. 將❹、❺依縫分處黏合並縫合成一個包包的側邊。（此步驟將皮革翻至背面操作）

c. 將b步驟作好的大側邊延縫份處黏合在❷的三邊，作為包體的側邊條。（此步驟將皮革翻至背面操作）

d. 再將c步驟半包體依縫分處黏合在❶三邊，成為完整包體之後在縫合黏合處。修剪不齊的裁切邊緣，上邊漆待乾後，將皮革翻面，使正面朝外。

e. 將❻手把兩端黏合固定在❶正面（自行算出適當尺寸畫好固定點 以平衡對稱的間隔尺寸為準）再打卯釘，手把兩端各打一個固定。將❼同步驟，固定於另一側。

f. 最後對好扣帶四合扣的相對位置，並估算以包體正面為準的中央點，打入四合扣公面即完工。

製作重點

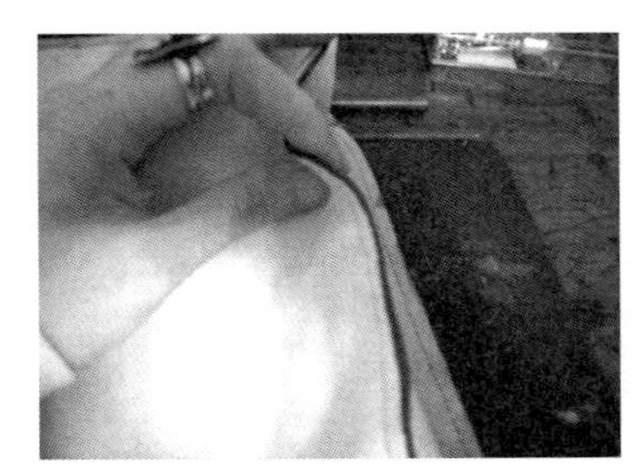

Step 1 二片皮片縫合時，要翻至背面操作。

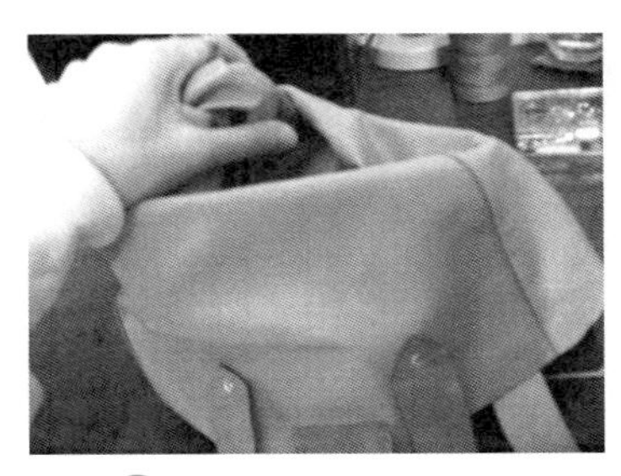

Step 2 等到包體全部縫接完成之後，再翻至正面。

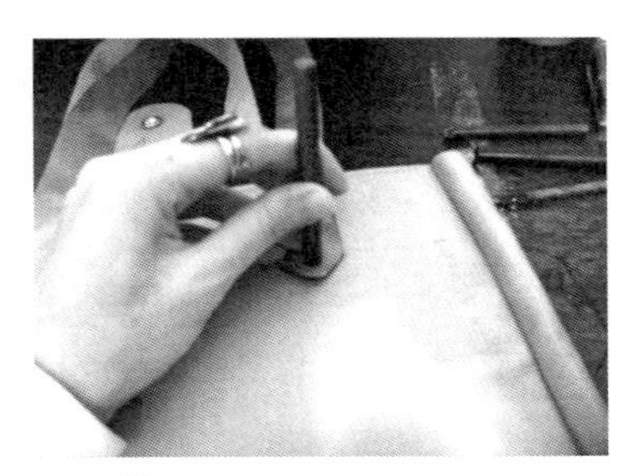

Step 3 以卯釘固定兩側把手。

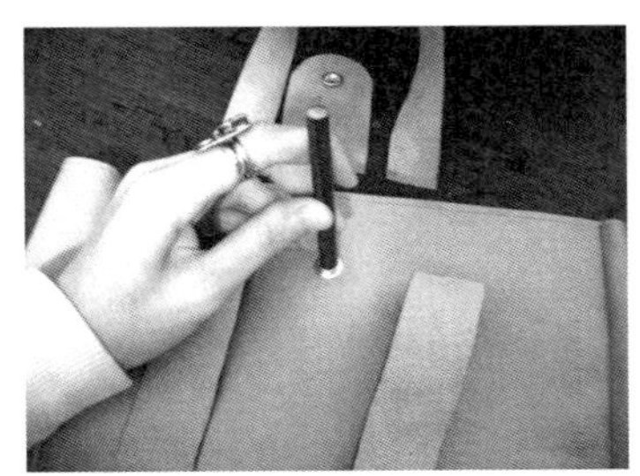

Step 4 在袋口打上四合扣（包包打開時扣合的位置）。

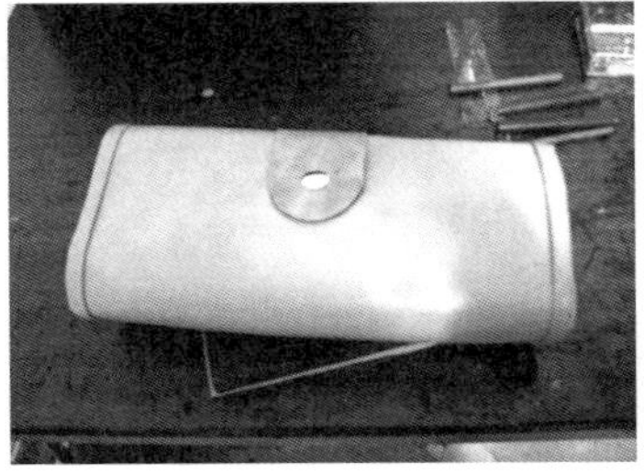

Step 5 將包包捲起，於包包收起時，四合扣扣上的位置，以銀筆做好記號。

Step 6 再於記號處打上四合扣。

製作時間：約1.5小時
價格預算：約150元
難度等級：★

兔毛造型髮圈（作品第34頁）

材料

皮　革	台灣產棕色兔毛皮、紅色皮繩
細軟料	10mm黑色鬆緊帶、黑色原木珠、皮革用白膏、黑色車線
工　具	軟膠墊、木鎚、銀筆、直角尺、圓孔棒、皮剪刀、刮刀、縫紉機、軟毛刷

TIPS：縫製後要輕輕將毛拉鬆，以看不到縫線為標準。

髮圈紙型圖

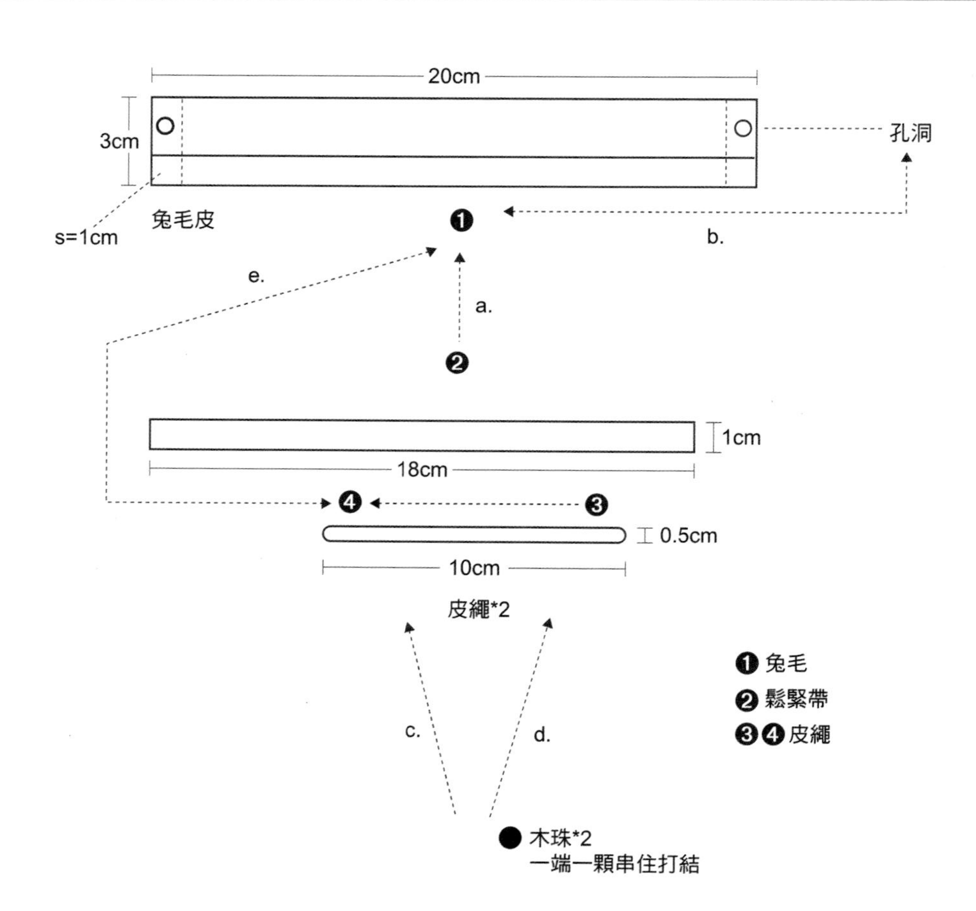

事前準備

- 將兔毛皮依紙型圖標示尺寸裁剪下來備用。
- 前一段鬆緊帶備用。

作法

a. 把毛皮❶翻到被面朝上，擺上鬆緊帶❷於中央位置黏合固定，接著在鬆緊帶中央位置車縫固定於毛皮❶上。
b. 將第一個步驟完成的帶子兩端，將末端兔皮向內褶後，用圓孔棒各打上小洞，
c. 將二段皮繩❸、❹分別串上一顆木珠，末端打結固定
d. 將皮繩❸完成之後，綁在完成的兔毛帶子上，兩端打結。
e. 將皮繩❹完成之後，綁在完成的兔毛兩端打結了。

製作重點

Step 1 鬆緊帶的長度要比兔毛皮短一些。

Step 2 將末端的兔皮褶起，要覆蓋住鬆緊帶。

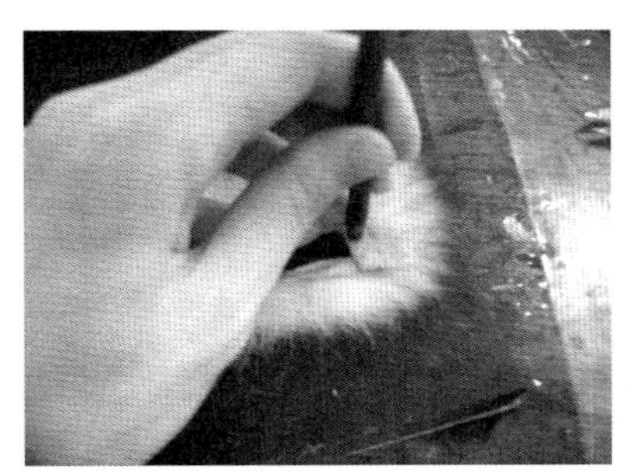

Step 3 在褶起的位置打洞。

Step 4 將皮繩穿過洞口。

Step 5 皮繩一端打結，一端穿過木珠再打結。

Step 6 選擇刷毛軟的刷子，整理一下兔毛，清除壓痕。

製作時間：約2.5小時
價格預算：約450元
難度等級：★★

硬式車票夾（作品第35頁）

材料

皮　革	淺棕色揉擰紋牛皮
細軟料	淺棕手縫麻線、棕色邊漆、皮革專用膠
金　屬	古銅色鑰匙圈
工　具	軟膠墊、木槌、銀筆、直角尺、裁皮刀、菱形打孔器、間距器、皮革專用手縫麻線捲、縫線蠟塊、手縫針、手指套

TIPS：手縫線時，注意入針角度盡量一致。

車票夾紙型圖

❶卡套主體正面
❷卡套主體背面
❸卡套插卡正面表皮
❹卡套插卡背面表皮
❺鎖匙圈固定皮帶

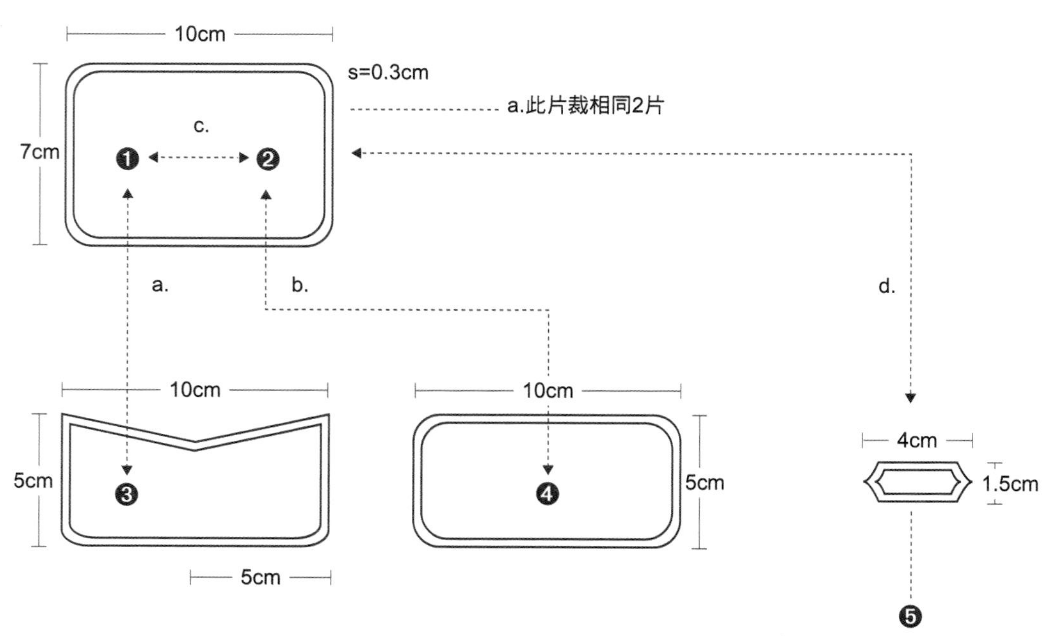

事前準備

- 依紙型圖標示，將各皮片裁剪下來。
- 將麻繩上蠟，二頭穿過縫針備用。
- 在各皮片的裁切邊塗上棕色邊漆，使其自然乾燥。

作法

a. 將❸版片黏在❶版片上。
b. 將❹版片黏合在❷版片上。
c. 將分別黏合好口袋的❶、❷版片對黏固定。
d. 將❺套上鑰匙圈黏合固定。
e. 以銀筆在皮套四周距離5mm畫上直線，之後以四孔菱形打孔器沿直線打縫製洞。
f. 完成後由皮套下方任一角落開始穿針縫製（❺版片位置也要在扣好鑰匙圈後縫過去），打完結之後即完成。

製作重點

Step 1 將各個皮片裁剪下來後，以專用膠黏合。

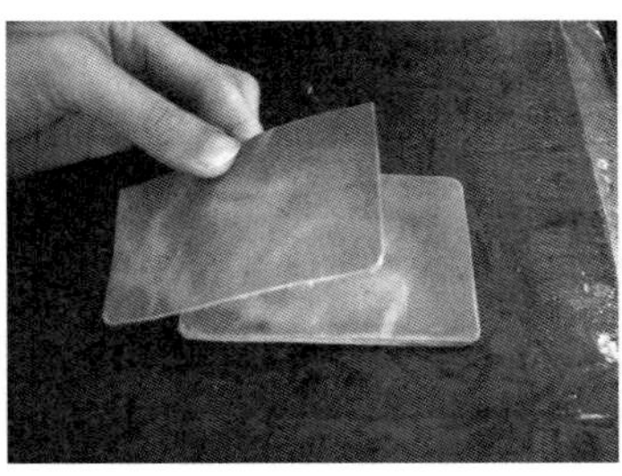

Step 2 將皮片5先黏於皮套一側。

Step 3 將皮套翻至另一面，套住鑰匙圈後，再將皮片5的另一端黏於皮套上。

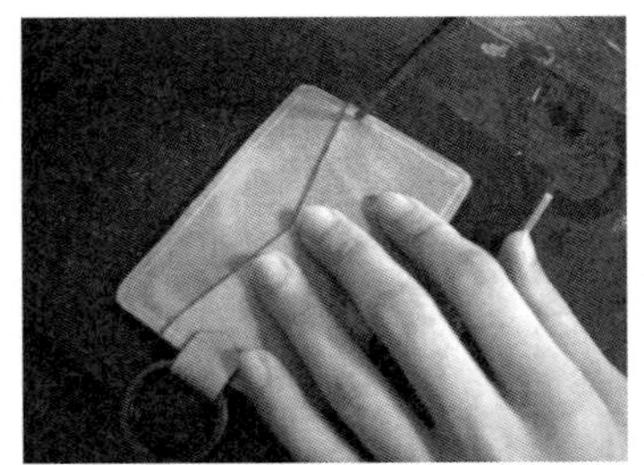

Step 4 用銀筆沿皮套周圍畫線。

Step 5 在銀筆畫出的記號上，用菱形打孔器打出縫製洞。

Step 6 縫製洞位置與皮套邊緣要保持相同間距。

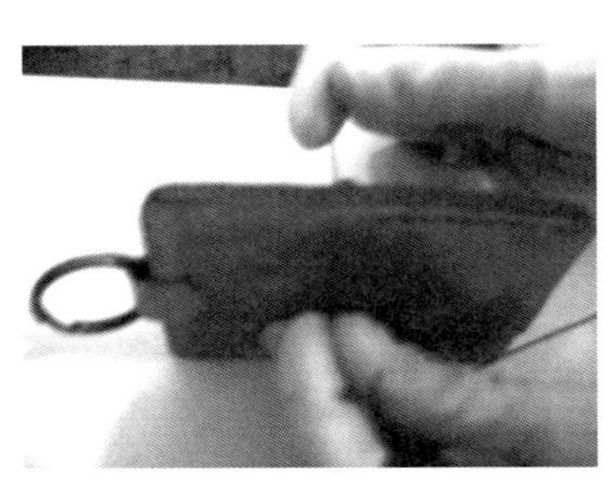

Step 7 皮套採直立方式縫線較省力。

製作時間：約2小時
價格預算：約300元
難度等級：★★

西部牛仔煙盒（作品第36頁）

（作品第36頁）

材料

皮　革	原木色厚牛皮
細軟料	棕色邊漆、皮革專用膠
金　屬	古銅色圓珠扣、印花古銅卯釘8mm
工　具	軟膠墊、木槌、銀筆、直角尺、裁皮刀、一字椿、卯釘敲合棒、卯釘敲合用底台、圓孔棒（3～5mm直徑）、磨圓木器

TIPS：打圓孔洞時，如果對折皮革太厚，可做好記號，攤平再打。但因為之後要對折打上卯釘，所以要特別注意孔洞位置是否對應正確。

煙盒紙型圖

❶煙盒主體正面

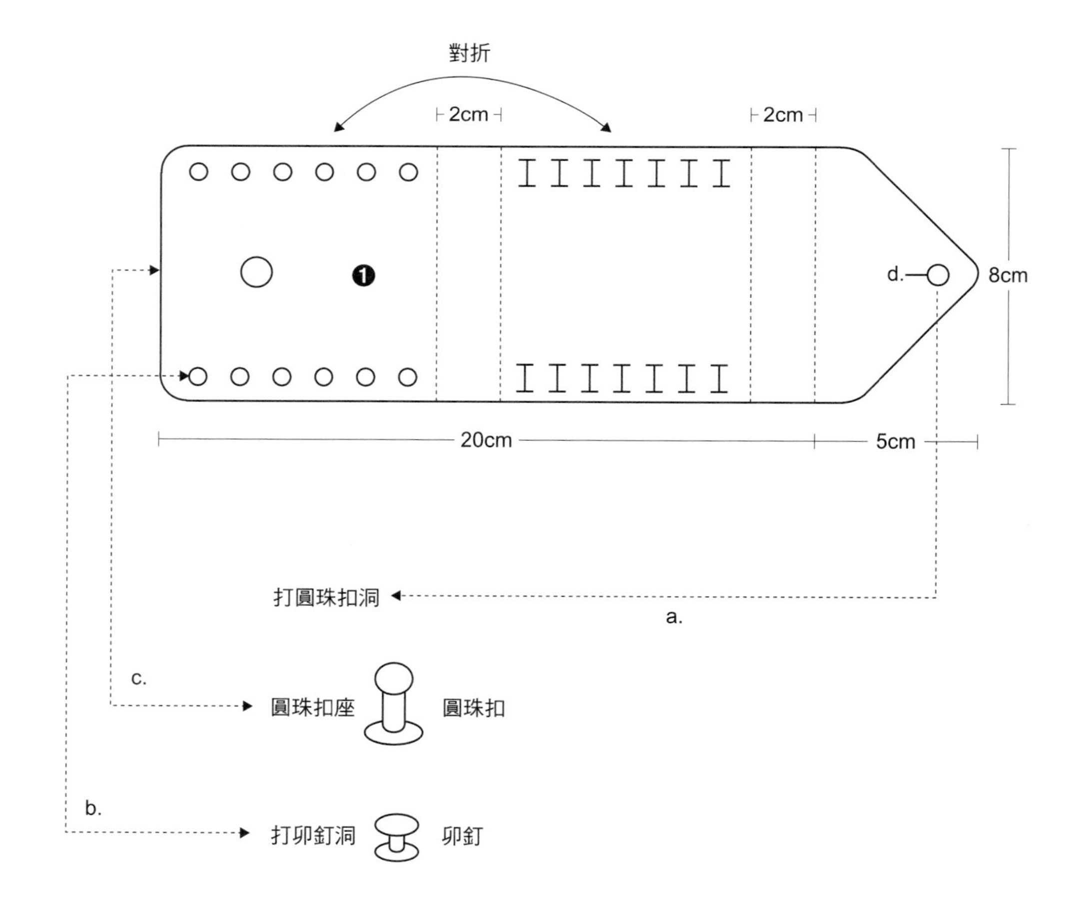

事前準備

- 將皮革背面朝上放置攤平後，用銀筆畫出紙型圖裡所需皮革版片。
- 將畫好的皮革版片用裁皮刀裁剪下來。
- 利用磨圓木器將皮片邊緣磨圓。
- 將磨圓後的皮片邊緣塗上邊漆，使其自然乾燥。

作法

a. 在❶煙盒主體掀蓋處打上圓珠扣洞。
b. 再來打上兩排卯釘洞，將皮片對折成袋狀後敲上卯釘。
c. 再將圓珠扣座離邊緣適當中央對點打在紙型標示位置，並鎖上圓珠扣。
d. 於三角蓋口部位，以一字椿打上缺口，以扣住圓珠扣。

製作重點

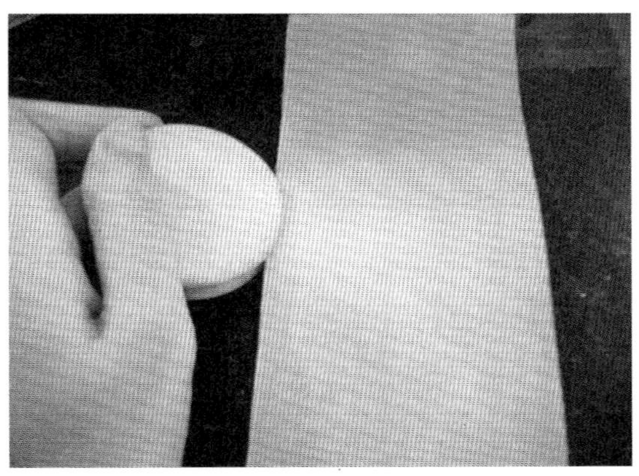

Step 1 將皮革周圍以磨圓木器磨圓。

Step 2 磨圓之後再上邊漆，會呈現比較圓潤的線條。

Step 3 以圓孔棒打洞時，要注意對折後，前後洞的對應位置。

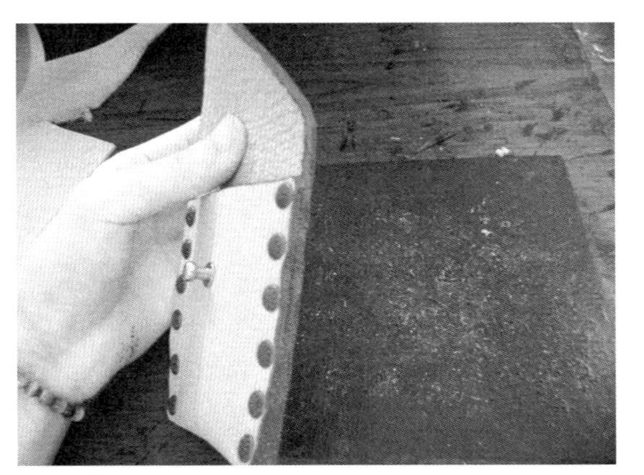

Step 4 在袋身前方打上圓珠扣，於三角蓋口打上一字椿缺口。

製作時間：約5小時
價格預算：約450元
難度等級：★★★

率性名片收納冊（作品第37頁）

材料

皮　革	進口黑色綿羊皮、黑色麂皮
細軟料	黑色粗麻線、黑色邊漆、名片PC套
金　屬	黑色卯釘8mm、銀色圓珠扣
工　具	軟膠墊、木槌、銀筆、直角尺、裁皮剪刀、一字椿、刮刀、卯釘敲合棒、卯釘敲合用底台、圓孔棒（3～5mm直徑）、皮革專用膠、菱形打孔器、皮革專用手縫麻線捲、縫線蠟塊、手縫針、手指套

TIPS：卯釘可依設計不同改變位置。

名片收納冊紙型圖

❶主體外層表皮（綿羊皮）　❸PC名片套
❷主體內層皮片（麂皮）

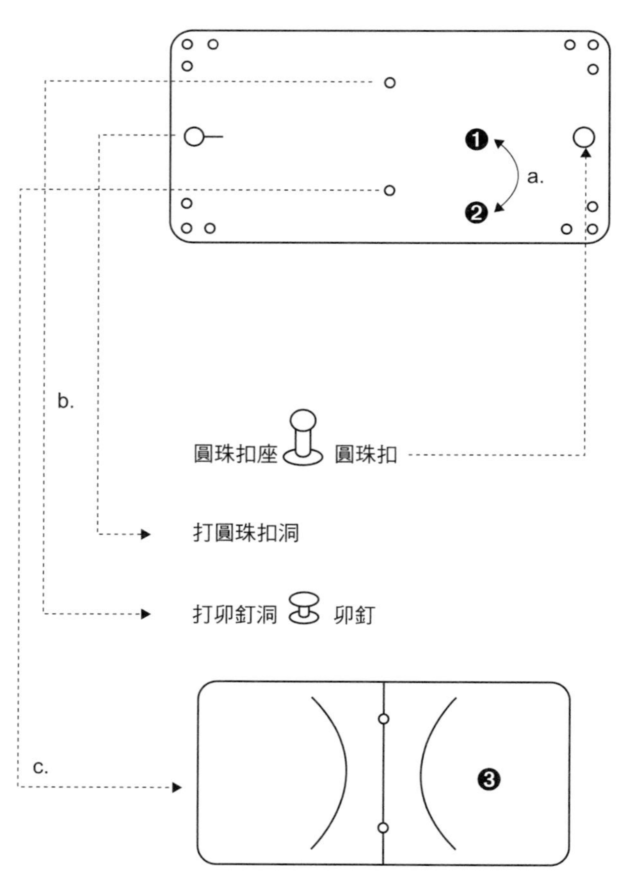

塑膠PC名片套*10張

事前準備

- 將皮革背面朝上放置攤平後，用銀筆靠著直角尺邊緣依序畫出紙型圖裡所需皮革版片。
- 將畫好的皮革版片用裁皮刀或剪刀裁剪下來。
- 將黑色綿羊皮當作表面皮革，以麂皮當內裡皮革，背面對背面，以專用膠黏合，使其自然乾燥。

作法

a. 接合完成的皮革四周，照紙型標示以銀筆畫上直線，做為打縫製洞的位置記號。
b. 以皮夾對折的形式，將四孔的菱形打孔對準直線，以槌子敲打至穿透皮革，注意維持縫孔統一間距。
c. 用銀筆在版片正面的四角，平均劃出1角3顆卯釘的位置點，並打上卯釘。
d. 依紙型圖示的皮革中央位置，打上預固定名片PC套的孔洞。
e. 用卯釘公面插入名片固定孔內，釘腳朝上，再把名片套穿入，再用卯釘母面固定。
f. 最後將皮革四周上邊漆即可。

製作重點

Step 1 將名片PC套對準放置位置。

Step 2 以卯釘固定，注意不要敲打過緊。

製作時間：約3.5小時
價格預算：約500元
難度等級：★★

麂皮輕便椅墊（作品第38頁）

材料

皮　革	灰色麂皮、紅色皮繩
細軟料	白色拉鍊35cm、黑色木珠、海綿、灰色車縫線、皮革專用膠
金　屬	黑色卯釘8mm
工　具	裁皮剪刀、縫紉機

TIPS：在壓椅墊中央點打入卯釘時，位置要對準，敲打時要敲得緊實一點。

椅墊紙型圖

❶椅套上面皮片
❷椅套下面皮片
❸海綿
❹紅色皮繩

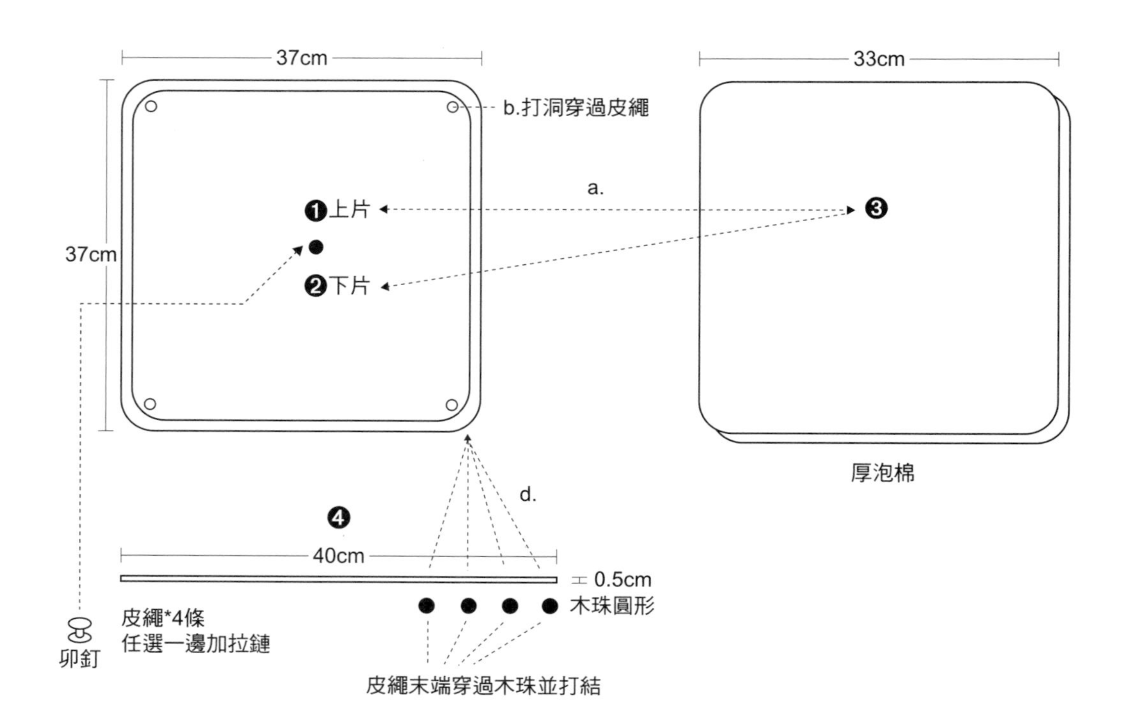

事前準備

- 將皮革背面朝上放置攤平後，用銀筆靠著直角尺邊緣畫出紙型圖裡所需的皮革版片。
- 將畫好的皮革版片用裁皮刀或裁皮剪刀一一裁剪下來備用。
- 先將椅套上下皮片❶、❷，以反面朝上的狀態，黏合三邊再縫起，第四邊車縫上拉鍊成為椅墊套。

作法

a. 將事先處理好的椅墊套翻至正面，將海綿平整塞入之後，拉上拉鍊。
b. 把椅墊四角打洞，打上中空環。
c. 將四條皮繩分別對折串入四個木珠。
d. 將套上木珠的皮繩分別綁在椅套的四個中空環洞孔中，打結固定。
e. 在椅墊正中央打上卯釘。

製作重點

Step 1 先以皮革專用膠黏合上下二片皮，再以縫紉機縫邊，二道手續讓椅墊更耐用。

Step 2 放入海棉之後要稍微調整一下，使其平整。

Step 3 敲打中空環時，要對齊上下皮片，否則易出現歪斜的情形。

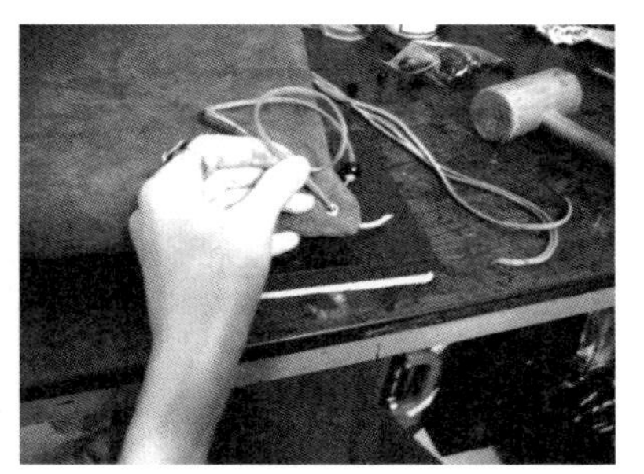

Step 4 皮繩與木珠的綁法可自由發揮。

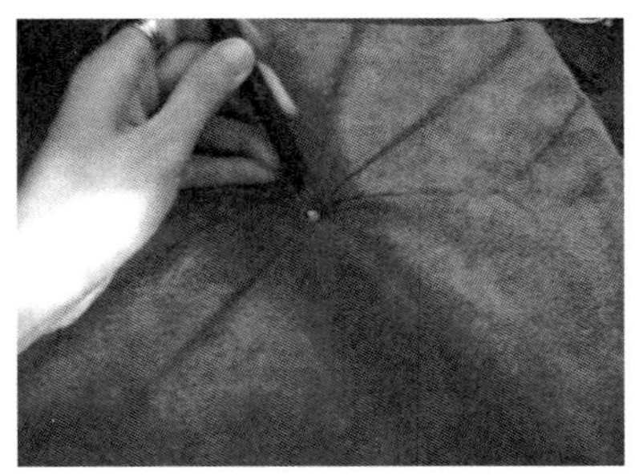

Step 5 在椅墊中央打上卯釘，會出現縐褶，具有裝飾與固定海棉雙重作用。

製作時間：約2.5小時
價格預算：約350元
難度等級：★★★

簡約白色名片夾（作品第39頁）

材料

皮　革	西班牙進口象牙白冰裂紋牛皮
細軟料	棕色邊漆、皮革用白膏、紅色車線
金　屬	金色圓珠扣
工　具	軟膠墊、木鎚、銀筆、直角尺、圓孔棒、皮剪刀、一字樁、刮刀、縫紉機

TIPS：打圓珠扣座時，要先測量好折起後與圓珠孔洞之間的間距。

名片夾紙型圖

❶外袋皮片
❷內袋皮片
❸包體皮片

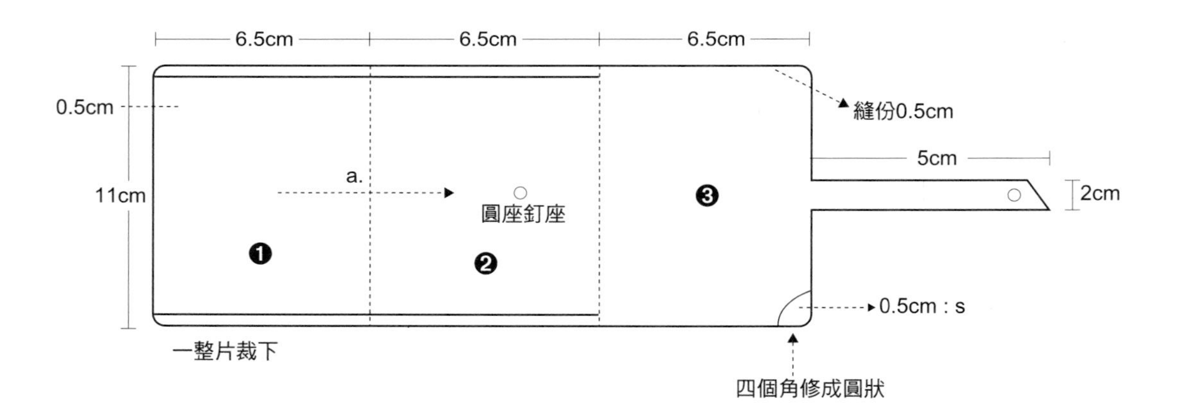

事前準備

- 將皮革背面朝上放置攤平後，用銀筆靠著直角尺邊緣畫出紙型圖裡所需皮革版片尺寸。
- 將畫好的皮革版片用裁皮刀裁剪下來備用。

作法

a. 將❶、❷裁片的三邊縫分（底＆兩側留開口不黏合）黏合在❸裁片草圖位置並車縫在一起。
b. 塗上棕色邊漆。
c. 在扣帶的部位打上圓珠扣洞＆座洞並鎖上圓珠扣即完成。

製作重點

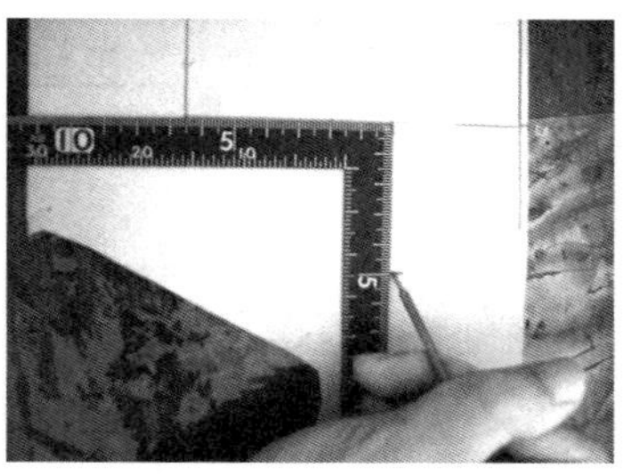

Step 1 利用銀筆與直角尺，在皮革背面標示想要裁剪的尺寸。

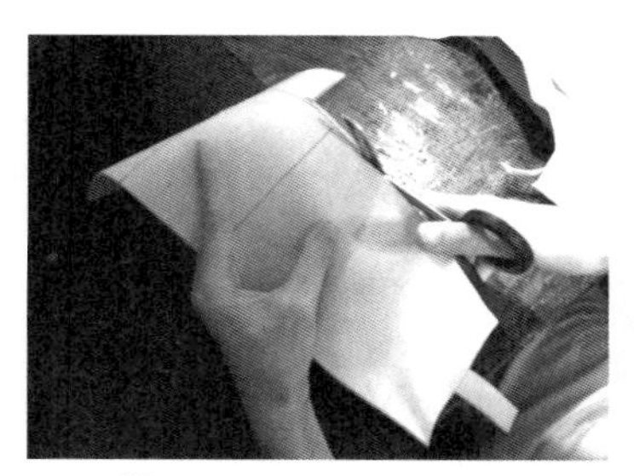

Step 2 利用裁皮剪刀小心地剪下皮革。

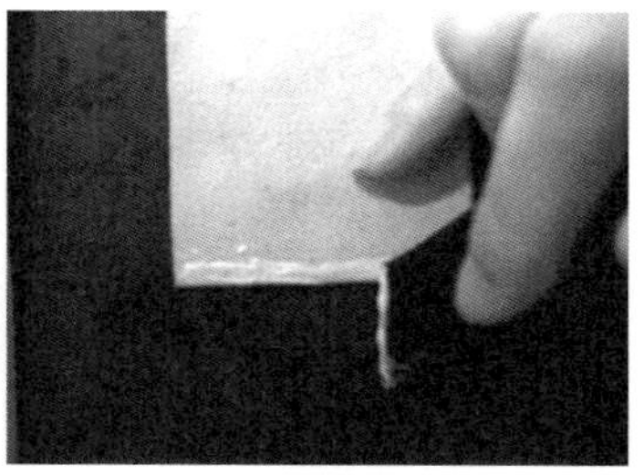

Step 3 在二片皮革相接處，以刮刀塗上專用白膏，做為膠著劑。

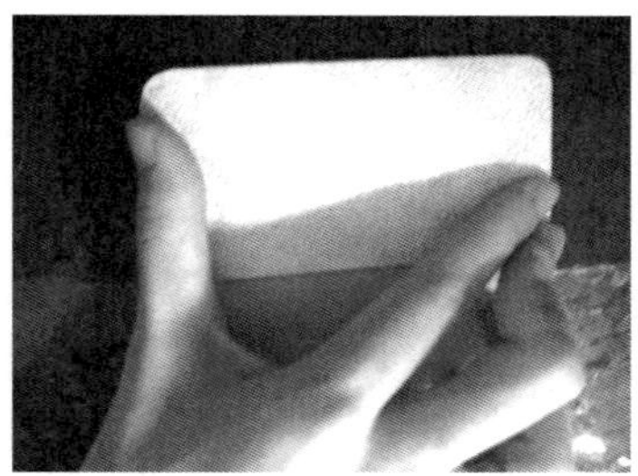

Step 4 塗上白膏之後晾乾一會，在半乾的狀態下，將夾層皮革覆蓋上去，

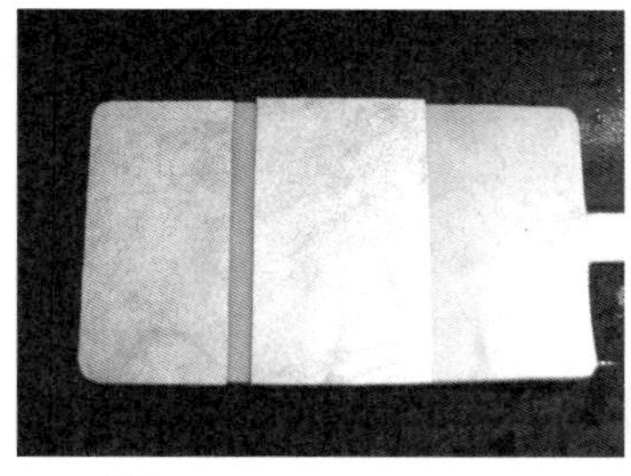

Step 5 貼好二片夾層之後，壓緊，放置一旁，待白膏完全乾燥再進行下一步驟。

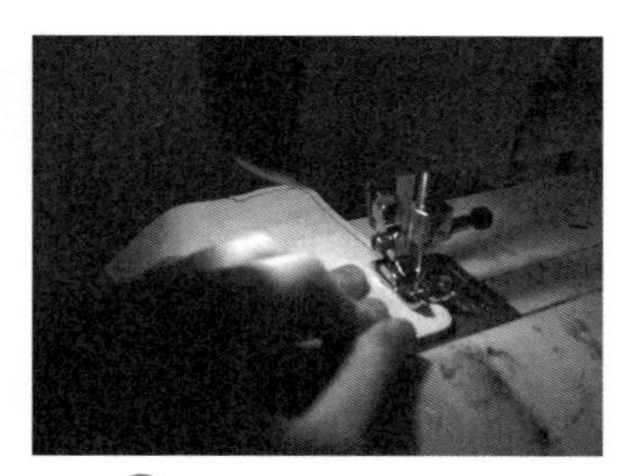

Step 6 利用裁縫機，將包體周圍縫上紅色邊線。

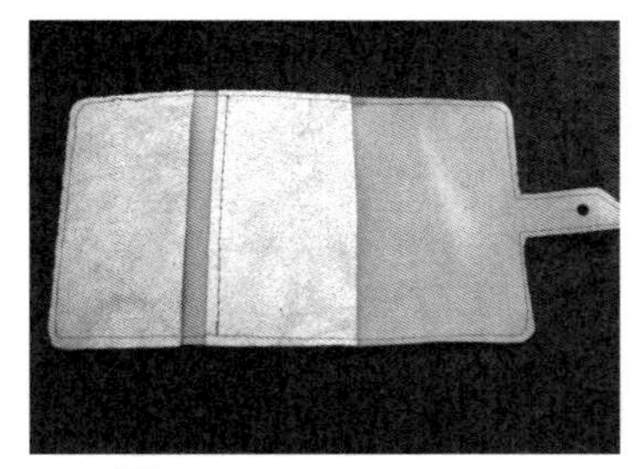

Step 7 在夾層周圍縫線，使結構更牢固。

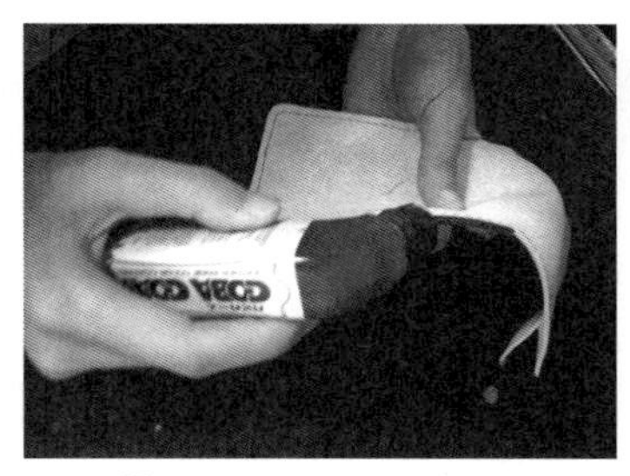

Step 8 在車縫好的作品邊緣塗上邊漆。

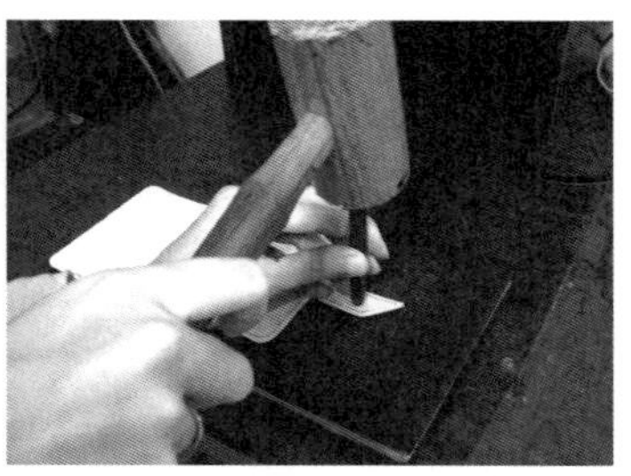

Step 9 依紙型圖標示的位置上，在包體正面打上珠扣，用一字椿在扣帶打上一字型缺口。

製作時間：約3小時
價格預算：約600元
難度等級：★★

時尚寵物項圈（作品第40頁）

（作品第40頁）

材料

皮　革	黑色小牛皮
細軟料	黑色邊漆、皮革專用膠
金　屬	水鑽馬蹄皮帶扣、銀色圓珠扣、卯釘8mm
工　具	軟膠墊、木鎚、銀筆、直角尺、裁皮剪刀、一字椿、刮刀、卯釘敲合棒、卯釘敲合用底台、圓孔棒（3～5mm直徑）

TIPS：測量寵物脖子尺寸時，需多留2～3cm的長度，才不會太緊。

寵物項圈紙型圖

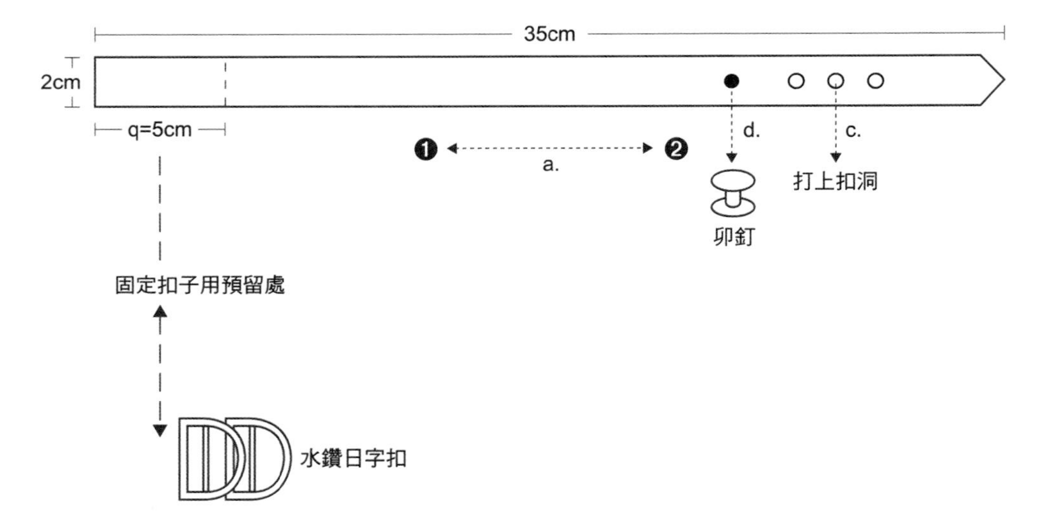

事前準備

- 將皮革背面朝上放置攤平後，用銀筆靠著直角尺邊緣，依序畫出紙型圖裡所需皮革版片尺寸。
- 將畫好的皮革版片用裁皮剪刀裁剪下來備用。
- 量好固定扣子用的預留處距離，做好記號。

作法

a. 將❶、❷版片互相對齊，以專用膠黏合後於二側邊緣車邊，縫分可預留3mm～5mm，之後上邊漆放置一旁，使其自然乾燥。

b. 將日字扣串在項圈預留的皮帶位置，在對折皮帶的地方打上卯釘固定

c. 測量寵物頸圍，由末端V型穿過日字扣之後，可以伸進一根手指的距離，打上扣洞位置。

d. V型端穿過日字扣之後，對折扣洞的相對應位置打上圓珠扣並鎖上底座，珠扣可視實際頸圍多打2～3個以調整大小。

製作重點

Step 1 版片黏合後車邊縫合，並在皮帶二側邊緣塗上邊漆。

Step 2 把日字扣穿過皮帶，並將皮帶對折包住日字扣。

Step 3 打上卯釘，將日字扣固定於皮帶上。

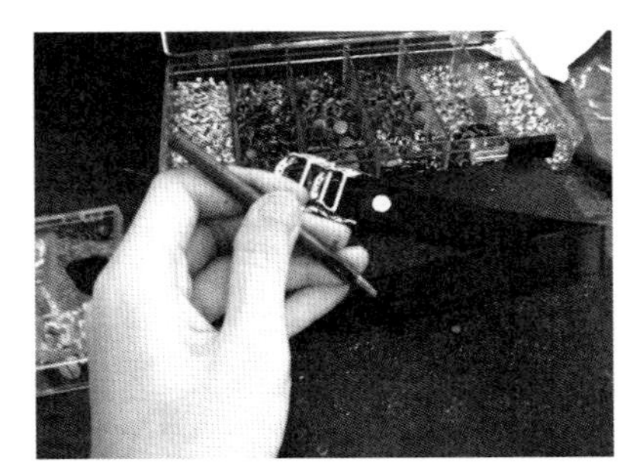

Step 4 測好寵物頸圍，於V型端打上扣洞。

Step 5 打好扣洞後穿過日字扣，比對圓珠扣位置，做好記號。

Step 6 打上圓珠扣並鎖緊底座。

製作時間：約4小時
價格預算：約780元
難度等級：★★★

黑色個性腰帶（作品第41頁）

材料

皮　革	黑色小牛皮
細軟料	黑色邊漆、皮革專用膠
金　屬	銀色金字塔釘、方型皮帶扣、卯釘8mm
工　具	軟膠墊、木鎚、銀筆、直角尺、金字塔釘敲合棒、卯釘敲合棒、卯釘敲合用底台、圓孔棒（3～5mm直徑）、裁皮剪刀

TIPS：敲打金字塔釘和卯釘時，要注意力道，不要敲扁釘子，只要敲緊即可。

腰帶紙型圖

❶腰帶後段表皮
❷腰帶前段表皮
❸腰帶前段表皮扣皮帶頭用
❹腰帶加厚底皮
❼腰帶末端固定環

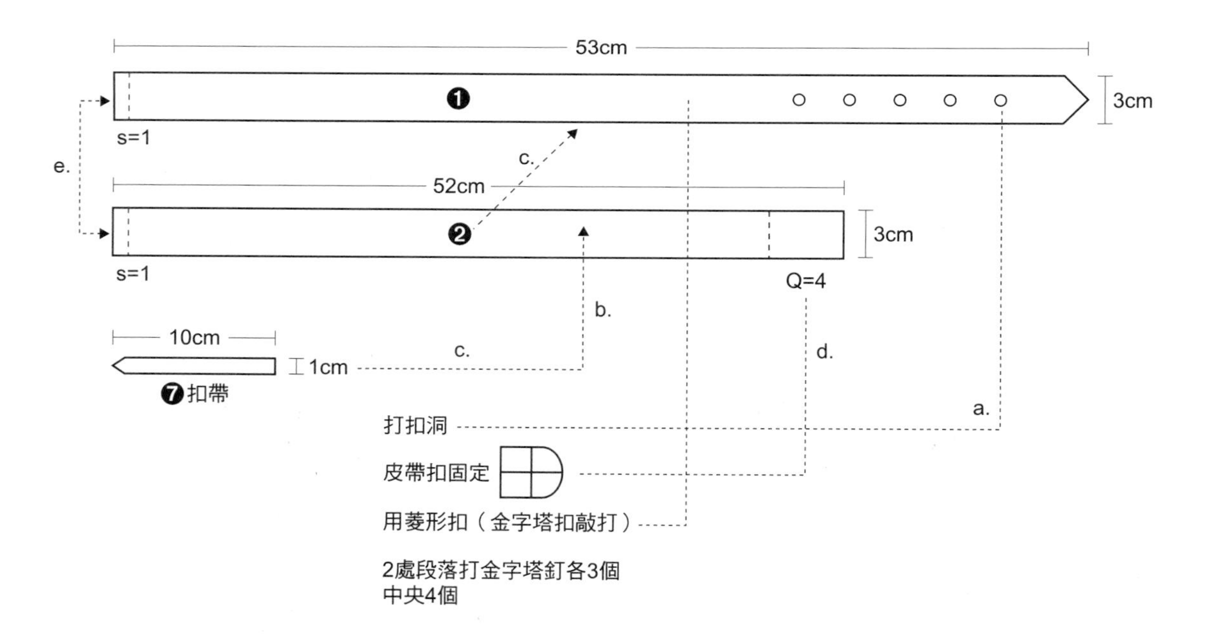

事前準備

- 將整條腰帶分成前後二段，依紙型畫出所需尺寸。
- 將畫好的皮革版片，以裁皮剪刀裁剪好。
- 將前段皮革❶與後段皮革❷塗上邊漆，乾燥後備用。

作法

a. 在腰帶前段皮革❶的末端位置，以固定間距打上調整腰帶長短的皮帶扣洞。
b. 在腰帶前段皮革❶的皮帶扣洞內側，打上三個菱形扣裝飾。
c. 將扣帶頭尾相連，套入腰帶，以二個卯釘固定帶腰帶上，扣帶表面釘上金字塔扣裝飾。
d. 在腰帶後段皮革❷的末端中央位置打圓孔，將皮帶扣頭穿過圓洞，對折皮革套住皮帶扣後，釘上卯釘固定。
e. 將前段皮革❶與後段皮革❷預留縫份的位置，塗上皮革專用膠黏合，放置一旁乾燥。
f. 待乾燥後，在交疊的位置，打上幾個卯釘固定。

製作重點

Step 1 在前後段預留交疊處塗上專用膠固定，再打上卯釘。

Step 2 可自由於腰帶空白處打上金字塔釘裝飾。

Step 3 將扣帶環繞於腰帶上，於內側打上二個卯釘固定。

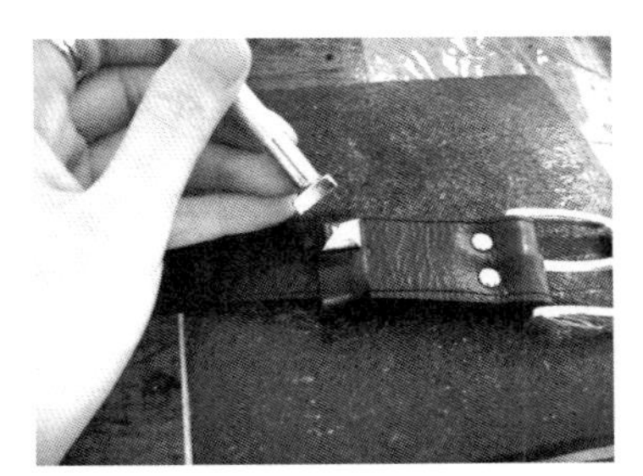

Step 4 在扣帶外側可打上金字塔釘裝飾。

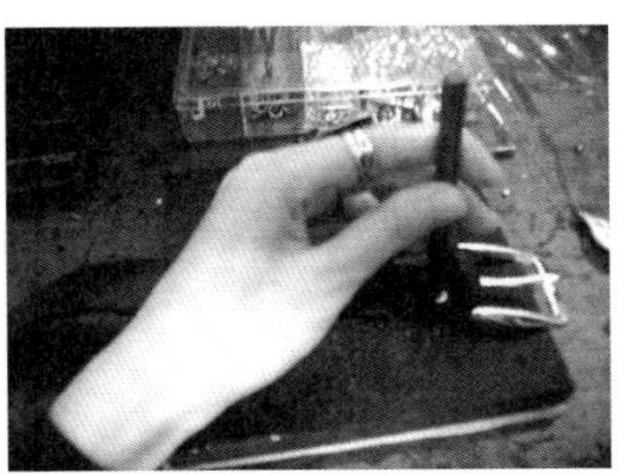

Step 5 皮帶扣頭穿過皮帶後段末端的圓孔，將皮革對折包住皮帶扣，釘上二個卯釘固定。

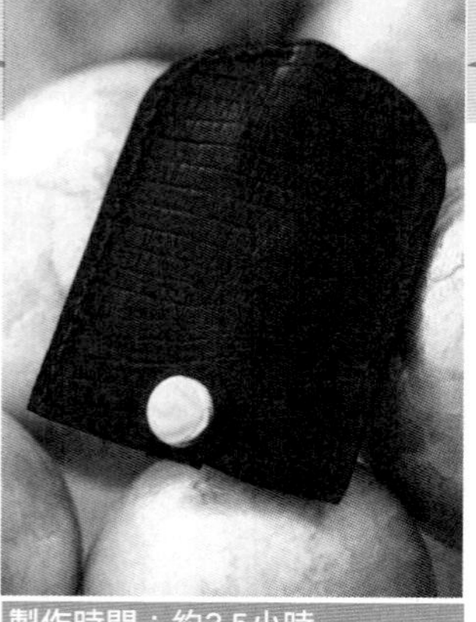

製作時間：約3.5小時
價格預算：約600元
難度等級：★★

拱型鑰匙袋（作品第42頁）

（作品第42頁）

材料

皮　革	鱷魚壓紋暖棕色牛皮
細軟料	皮革專用膠、棕色邊漆
金　屬	古銅色鑰匙圈、卯釘8mm、四合扣
工　具	菱形打孔器、間距器、皮革專用手縫麻線捲、縫線蠟塊、手縫針、手指套、卯釘敲合棒、卯釘敲合用底台、軟膠墊、木槌、銀筆、直角尺、裁皮刀、菊花斬、圓孔棒（3～5mm直徑）

TIPS：縫製時縫線的完美度是這個作品最大重點，請細心縫製。

鑰匙袋紙型圖

❶鑰匙包主體正面
❷鑰匙包主體背面
❸鑰匙包拉帶

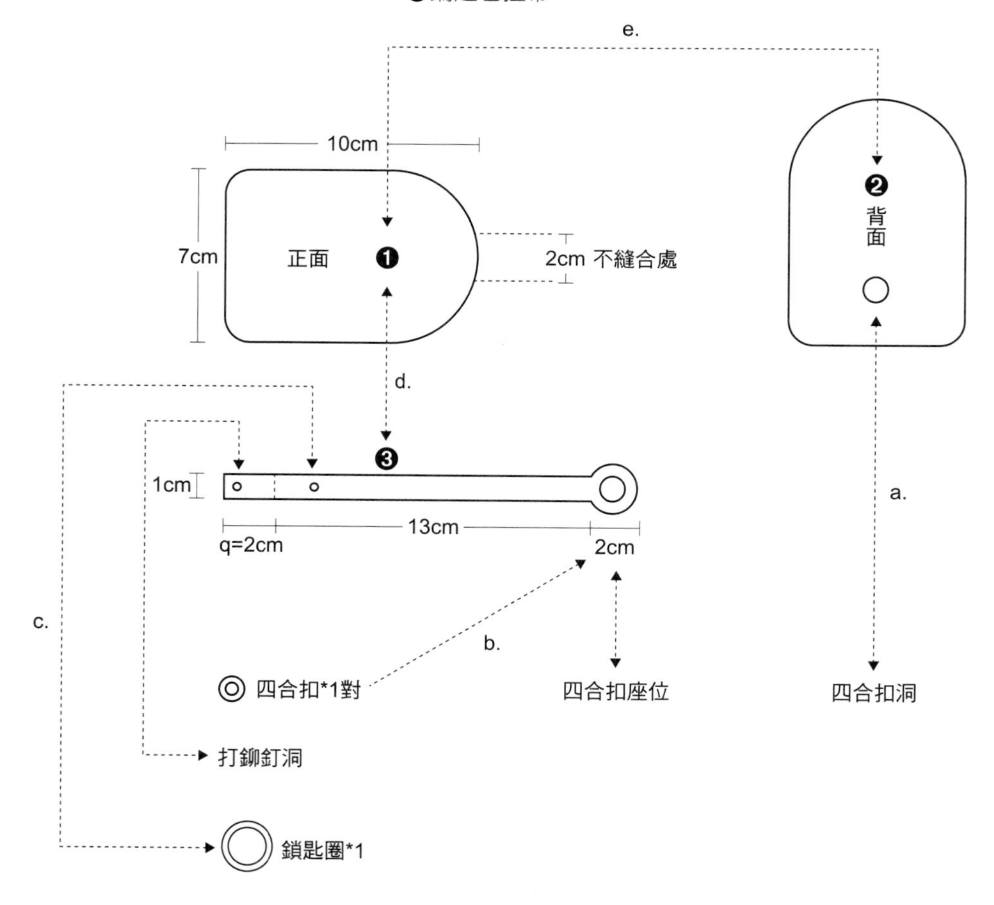

事先準備

- 將皮革背面朝上，用銀筆畫出紙型圖裡所需皮革版片。
- 將畫好的皮革版片用裁皮刀裁剪下來。
- 將麻繩上蠟，二頭穿過縫針備用。
- 先將3塗好邊漆。

作法

a. 將四合扣公面打在2下方，長度以❸穿過包體，反折包覆的距離來測量位置即可。
b. 將四合扣母面打在❸四合扣洞位置。
c. 將鑰匙圈❻用卯釘固定在❸q處。
d. 將❸皮帶放入鑰匙包主體穿過。
e. ❶、❷正面朝外黏合固定，最後上邊漆兩次，並以菱形打孔器打出縫製孔，於包體邊緣縫上麻繩即可。

製作重點

Step 1 將麻繩上蠟，二頭分別穿過二個縫針備用。

Step 2 將鑰匙圈以卯釘固定在皮帶3。

Step 3 皮帶3另一端則打上四合扣母面。

Step 4 黏合皮片1、2之後，皮革周邊塗上邊漆。

Step 5 最後手縫麻繩於包體周圍。

製作時間：約3小時
價格預算：約750元
難度等級：★★

超大收納名片冊（作品第43頁）

材料

皮 革	淺棕色揉擰紋牛皮
細軟料	名片PC套、40～50張、棕色邊漆、皮革專用膠
金 屬	卯釘面8mm、四合扣
工 具	軟膠墊、木槌、銀筆、直角尺、圓孔棒（3～5mm直徑）、裁皮刀、縫紉機、卯釘敲合棒、卯釘敲合用底台

TIPS：選擇用兩層1mm厚的皮革相黏合，或具厚度和挺度的牛皮革製作，作品才會有厚實感。

名片冊紙型圖

❶名片夾主體表皮
❶PC名片套

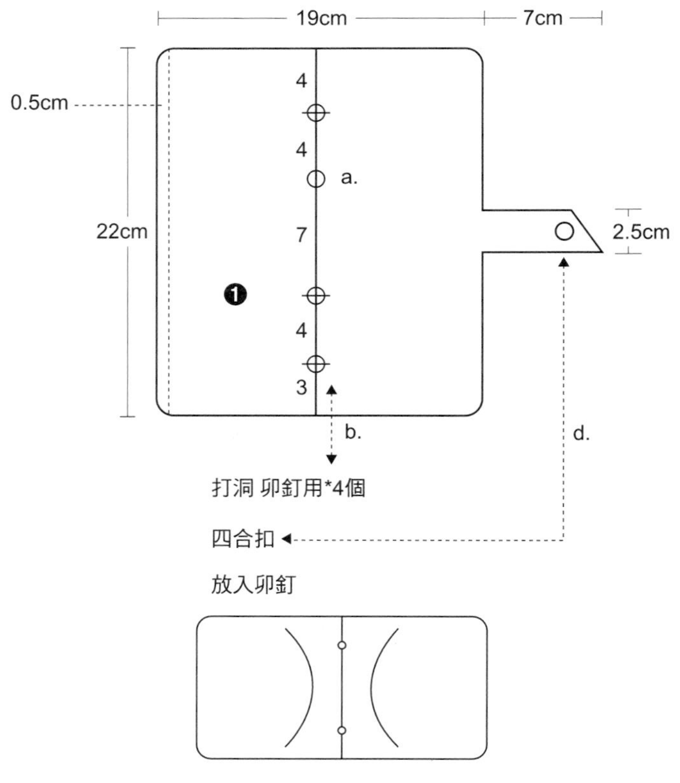

事前準備

- 將皮革背面朝上放置攤平後，用銀筆畫出紙型圖裡所需皮革版片。
- 將畫好的皮革版片用裁皮刀裁剪下來。
- 版片裁好後將四周切面塗上邊漆，待乾備用。

作法

a. 在❶版片橫向長度中心點，依紙型圖標示間距，以銀筆畫下標記卯釘洞位置。
b. 以卯釘敲合棒敲出卯釘洞，放入卯釘公面，凸面朝上（❶版片是反面朝上的狀態）。
c. 將名片膠套以圓孔棒穿好孔，將4膠套全數套在1版片的卯釘公面上，再打上卯足母面（名片套的套孔洞若太小，可用圓孔棒將洞擴大，再穿過卯釘）。
d. 在扣帶打上四合扣母面，皮革正面靠邊的中央位置打上四合扣公面。

製作重點

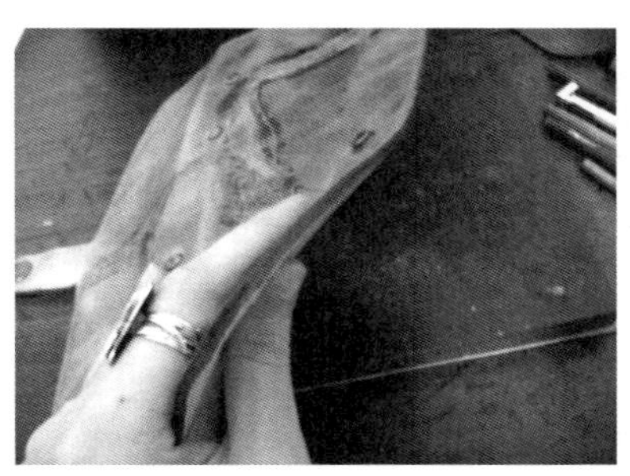

Step 1 裁剪後的皮革表面會有些粗糙，塗上邊漆可使表面平滑且防水、防磨擦。

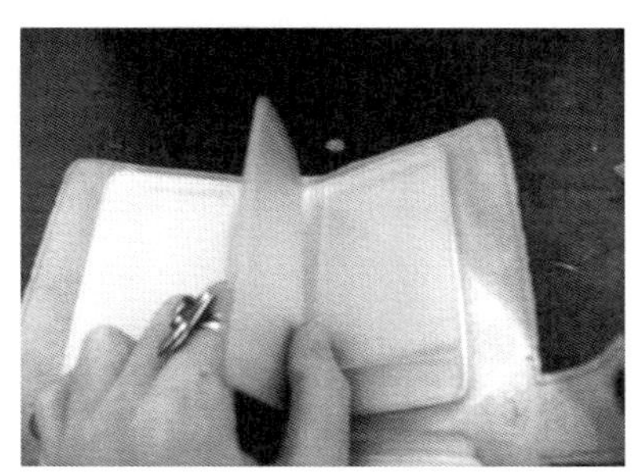

Step 2 調整上下二組名片套位置。

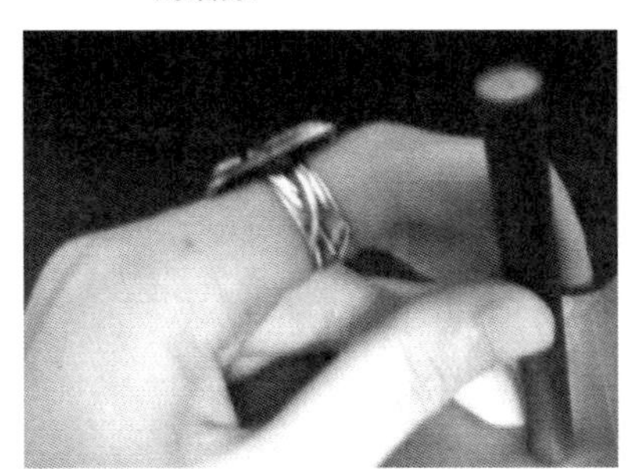

Step 3 中央再以卯釘固定於皮片。

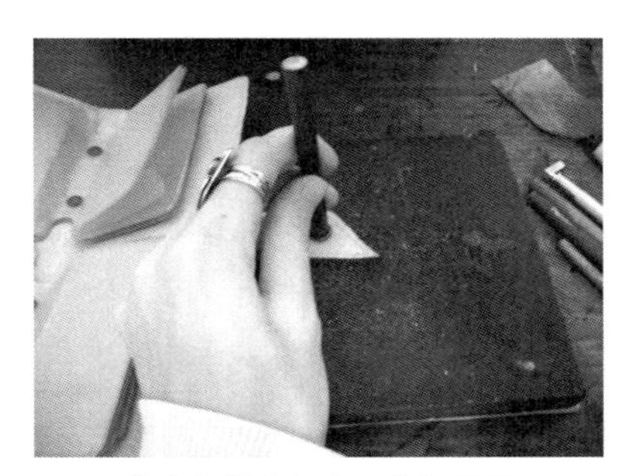

Step 4 在扣帶上打上四合扣母面。

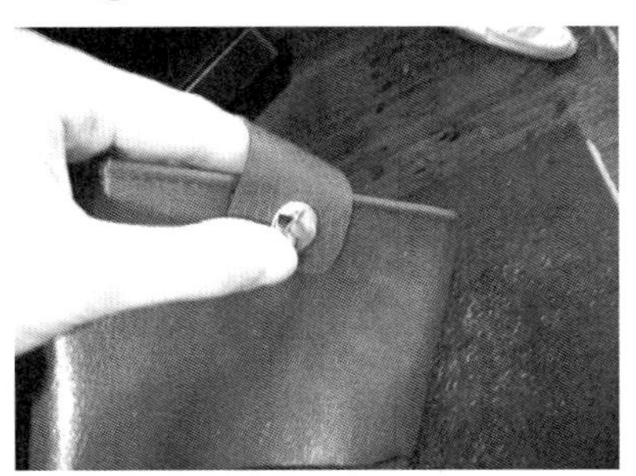

Step 5 翻至皮片正面，打上四合扣公面。

製作時間：約4小時
價格預算：約500元
難度等級：★★★

對折式鈔票夾（作品第44頁）

材料

皮　革	鱷魚壓紋暖棕色牛皮、棕色麂皮
金　屬	彈簧鈔票夾
細軟料	皮革專用膠、棕色邊漆
工　具	軟膠墊、木槌、銀筆、直角尺、裁皮剪刀、四孔菱形打孔器、皮革專用手縫麻線捲、縫線蠟塊、手指套

TIPS：手縫麻線時，要注意統一針腳入針的前後順序，如此縫線才會整齊(手縫技巧詳見24頁)。

鈔票夾紙型圖

❶鈔票夾左邊（打開攤平後）
❷鈔票夾右邊（打開攤平後）

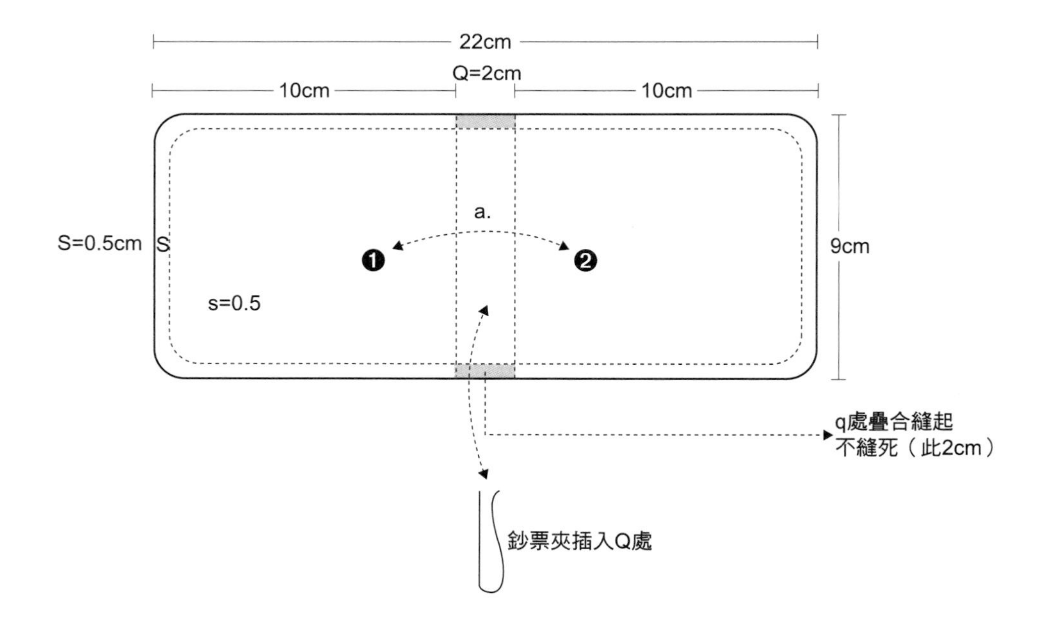

事前準備

・將牛皮與麂皮依紙型尺寸，裁剪成相同大小的皮片，牛皮為表面皮革，麂皮為內裡皮革。
・將表面皮革與內裡皮革四周以專用膠黏合成為皮夾用皮，但中間下方須留2cm不黏合。
・剪一段麻線長度為預縫製長度的四倍，將麻線上蠟，穿過縫針後備用。

作法

a. 待皮革接合膠乾燥後，將皮夾對折，於牛皮面以銀筆畫線，做為打縫製洞的位置記號。
b. 以皮夾對折的形式，將四孔的菱形打孔對準直線，以槌子敲打至穿透皮革，注意維持縫孔統一間距，避開皮革中間下方2cm處。
c. 以手縫方式，將皮夾周圍縫合，同樣避開皮夾中間下方2cm不縫。
d. 最後上邊漆待乾後 將鈔票彈簧夾插入下方預留孔即完工。

製作重點

Step 1 將皮夾對折之後，再縫上麻線。

Step 2 縫好麻線後，將皮夾側邊塗上邊漆。

Step 3 最後於將彈簧鈔票夾由下方預留孔卡入。

製作時間：約2小時
價格預算：約550元
難度等級：★★

閃亮手機套（作品第45頁）

材料

皮　革	紫色、銀色小羊皮
細軟料	黑色邊漆、皮革專用膠
金　屬	銀色隱藏式磁扣
工　具	軟膠墊、木槌、銀筆、直角尺、裁皮刀、一字樁、縫紉機

TIPS：兩側的磁扣對合好位置，再打洞。

手機套紙型圖

❶內層皮片（紫羊皮）
❷外層皮片（銀羊皮）

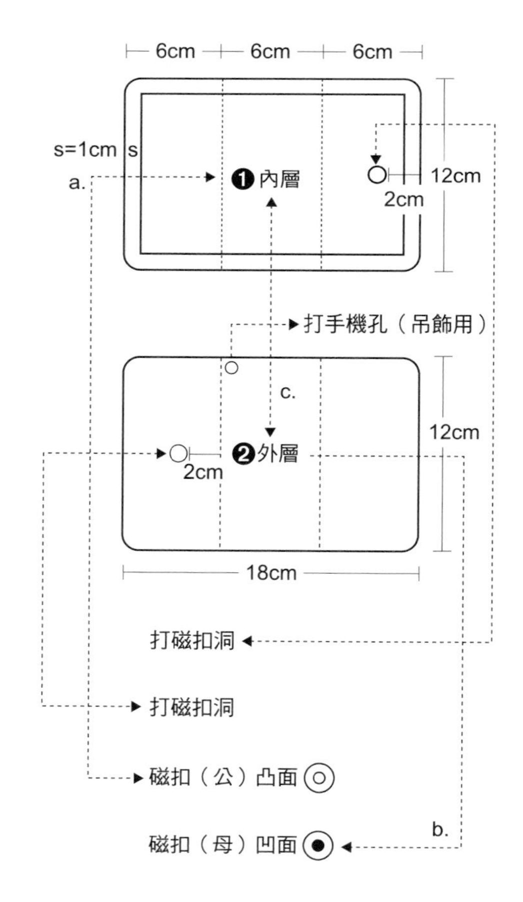

事前準備

・將皮革背面朝上放置攤平後，用銀筆靠著直角尺邊緣依序畫出紙型圖裡所需皮革版片。
・將畫好的皮革版片用裁皮刀裁剪下來備用。
・將皮革邊緣塗上邊漆，使其自然乾燥。

作法

a. 先將磁扣公面打在❶版片（正面朝上製作）右側。
b. 將磁扣母面打在2版片（正面朝上製作）左側。
c. 再將上述完成的❶、❷版片以皮革反面方向相互黏貼，並於縫份處縫製固定並修飾，最後在紙型圖所示區塊，任意打上一個小圓孔5mm直徑，以穿過吊飾。

製作重點

Step 1 紫色（內裡）與銀色小羊皮（外皮）裁剪下來之後備用。

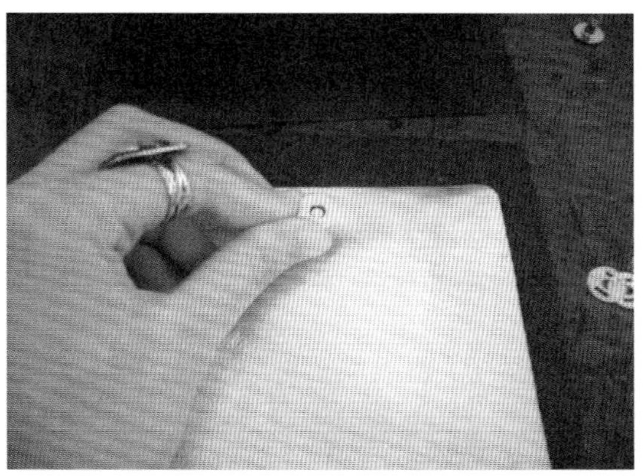

Step 2 將銀色小羊皮翻至正面，釘上磁扣公面。

Step 3 將銀色小羊皮翻至背面，將磁扣翅膀壓平，並於皮片四周塗上專用膠。

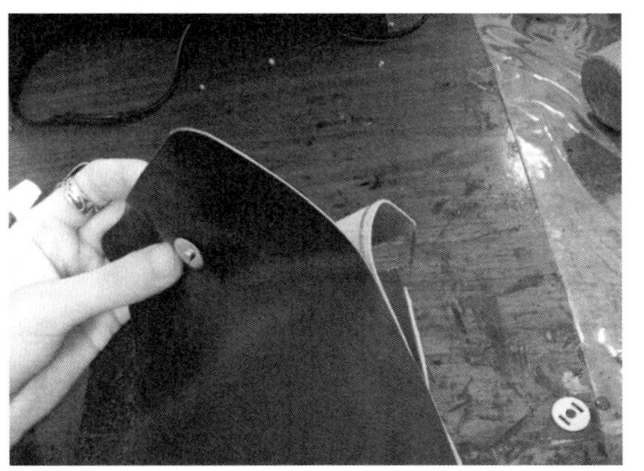

Step 4 以同樣方式將磁扣母面固定於紫色羊皮，然後黏合二片皮革。

深色衛生紙盒（作品第46頁）

材料

皮　革	深咖啡色水牛皮、深咖啡綿羊絨毛皮
金　屬	金色四合扣、圓珠扣、金色卯釘5mm
工　具	軟膠墊、木槌、銀筆、直角尺、裁皮刀、一字椿、縫紉機、卯釘敲合棒、卯釘敲合用底台、菊花斬、圓孔棒(3~5mm直徑)

TIPS：接合為立體狀態時，需注意版型前後左右要對稱。

衛生紙盒紙型圖

❶面紙盒抽取孔（上方）
❷四面側邊
❸底部固定防掉落皮帶
❹扣帶

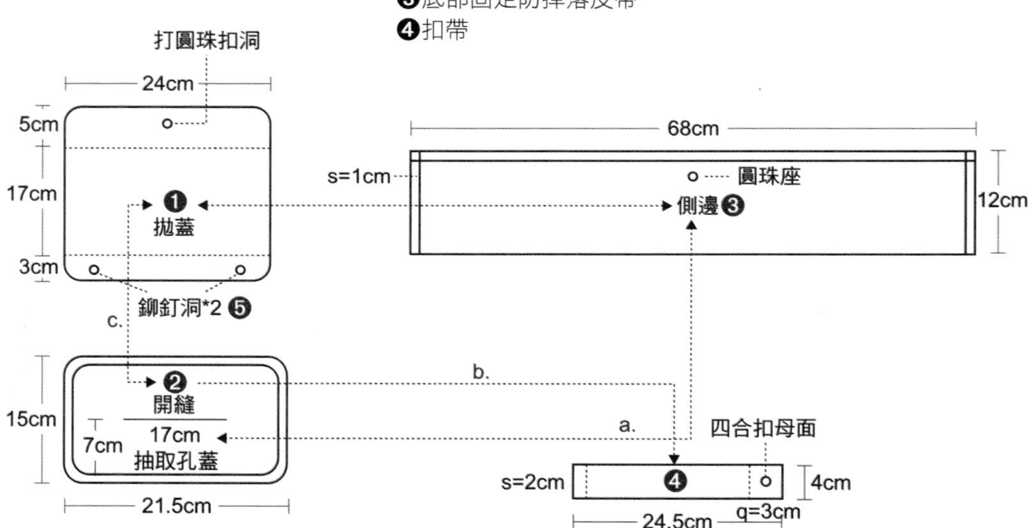

事前準備

・依照紙型，將所需皮片裁剪好。

・將❸任一最長邊往內裡收1cm並車縫固定。

・於❷中央位置，以裁皮刀劃出一道17cm左右的細縫開口，作為衛生紙抽口。

作法

a. 將❸版片（掀開抽取孔）沿❷版片四周縫份部位，以反面都朝內的方向黏合車縫好，修整內圓切邊後翻到正面。

b. 將❹版片一端黏合在❷版片一側邊中央位置並車縫固定，並於另一側邊打好四合扣。

c. 將❶版片打好卯釘洞與圓珠扣洞後，車縫固定在❷版片上，再將❷版片對照扣子位置分別打入卯釘與鎖上圓珠扣即完工。

製作重點

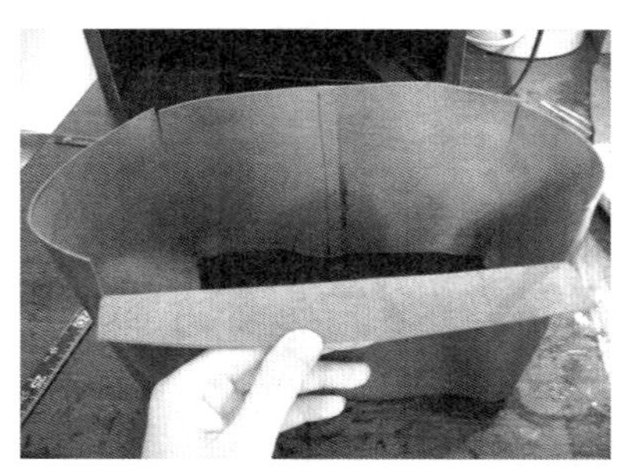

Step 1 將❸收邊時，可於四個角稍微剪開。

Step 2 四個角剪開後，往內收邊會比較服貼。

Step 3 測量好扣子以及與其對應的位置，再打洞。

Step 4 利用菊花斬打上四合扣公面。

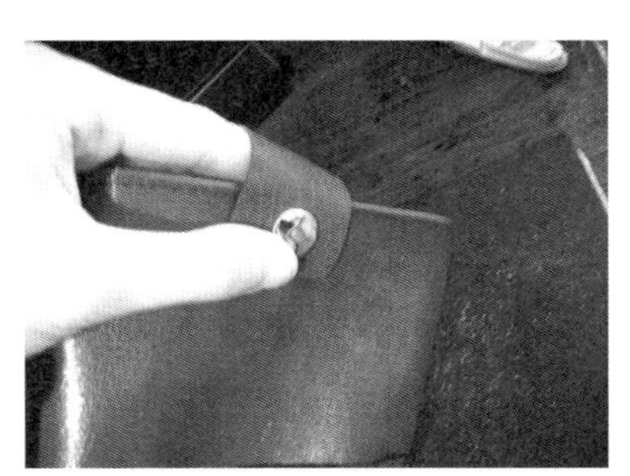

Step 5 在盒子主體的相應位置上也打上四合扣的母面，即可扣上。

製作時間：約4小時
價格預算：約600元
難度等級：★★★

絲絨鉛筆袋（作品第47頁）

材料

皮　革	寶藍色綿羊絨毛皮（內裡用牛皮加厚款）
細軟料	黑色邊漆 皮革專用膠
金　屬	銀色中空環5mm、四合扣、卯釘8mm、卯釘敲合用底台
工　具	軟膠墊、木鎚、銀筆、直角尺、菊花斬、圓孔棒5mm與mm、裁皮刀、刮刀、縫紉機

TIPS：打中空環時，間距要量好

鉛筆袋紙型圖

❶筆袋主體皮革
❷扣帶

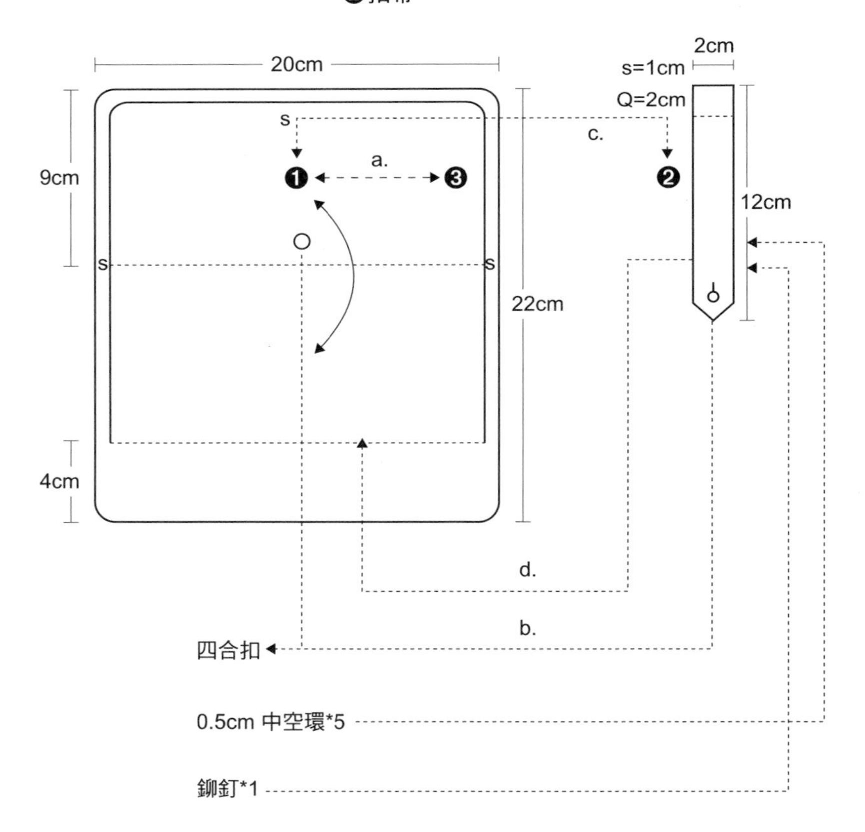

事前準備

- 將皮革背面朝上放置攤平後，用銀筆靠著直角尺邊緣畫出紙型圖裡所需皮革版片尺寸。
- 將畫好的皮革版片用裁皮刀裁剪下來備用。
- 在扣帶中間打上卯釘與中空環，用圓孔裝先打洞，再用菊花斬將中空環打緊。

做法

a. 以下步驟以鉛筆袋皮革正面朝上的方向操作。

b. 把四合扣公面固定在標示的位置。

c. 把4四合扣母面打在❷處v型尖端位置。

d. 將扣帶尾端s處固定黏合在❶版面掀蓋的褶線處上，並車縫固定，最後將袋身周圍裁切邊塗上邊漆即可。

製作重點

Step 1 將扣帶黏合在包包拋蓋折線的正面上。

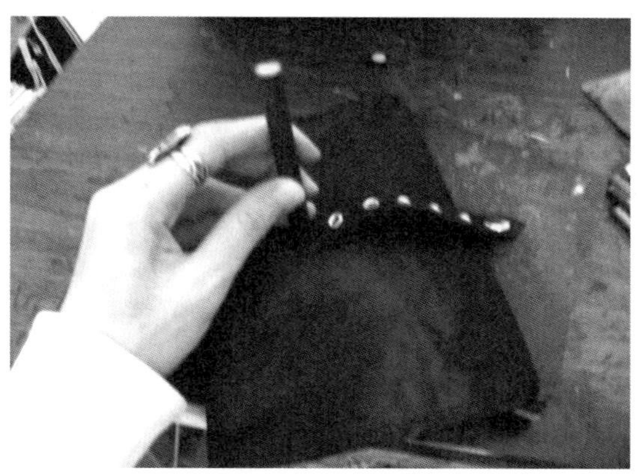

Step 2 在扣帶上依序敲合中空環和四合扣蓋母面。

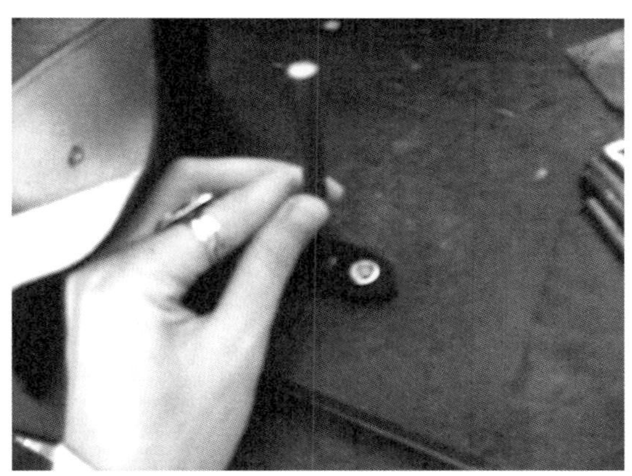

Step 3 用卯釘敲合在接合處。

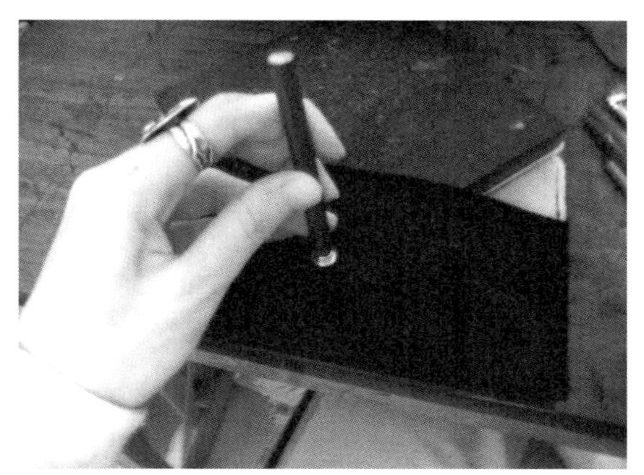

Step 4 在包體上敲合四合扣底座。

製作時間：約3.5小時
價格預算：約1200元
難度等級：★★

成熟品味公事包 （作品第48頁）

材料

皮　革	深咖啡色麂皮、原木色牛皮
細軟料	棕色邊漆、皮革專用膠
金　屬	銀色圓珠扣
工　具	軟膠墊、木槌、銀筆、直角尺、裁皮刀、縫紉機、圓孔棒(5mm直徑)

TIPS：可準備一款厚度2mm的厚牛皮，或二片相同尺寸的輕薄羊皮相互黏貼固定製作，強調厚實感。

公事包紙型圖

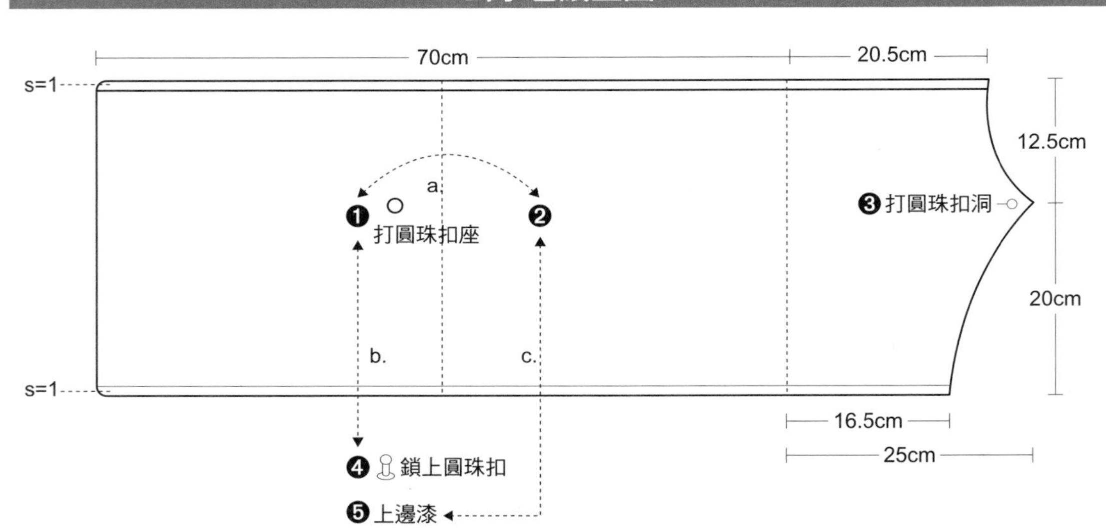

事前準備

‧將皮革背面朝上放置攤平後，用銀筆靠著直角尺邊緣依序畫出紙型圖裡所需皮革版片。
‧將畫好的皮革版片用裁皮刀裁剪下來備用。

作法

a. 將❷往❶處對折並於s處黏合固定。
b. 於紙型所示的包體位置打上圓珠扣，並在掀蓋度對折後，對應圓珠扣位置打出扣合孔5mm。
c. 將包體邊緣於s處車縫固定，再上邊漆待乾燥即可，在車縫時於袋口要多回針2次到3次以增加拉扯耐用度。

製作重點

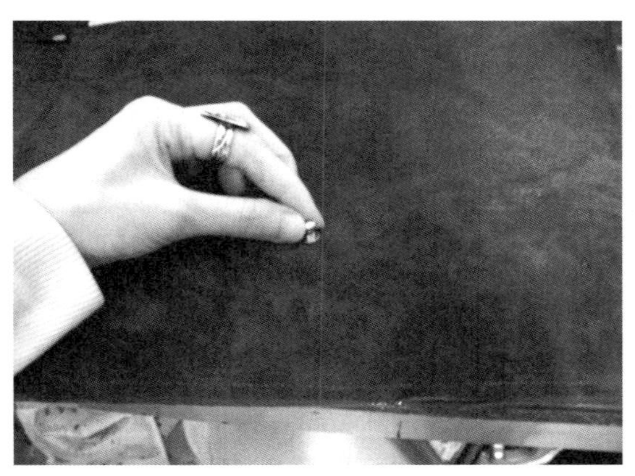

Step 1 在包體打上圓珠扣。

Step 2 於掀蓋處以圓孔棒打出扣合孔。

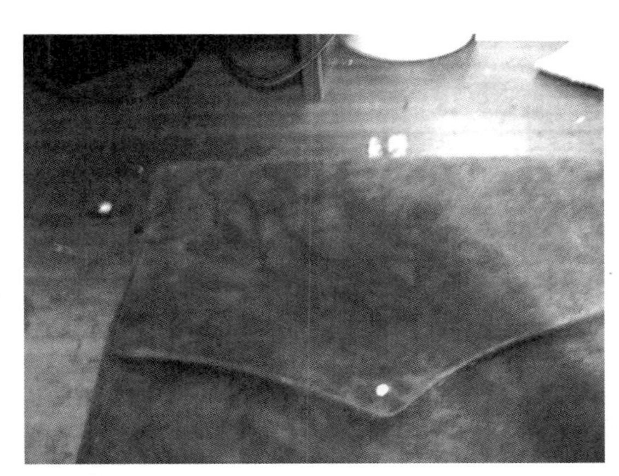

Step 3 在打上圓珠扣及扣洞之前，先測好交疊的對應位置，才不會扣不上，或扣上後造成包體歪斜。

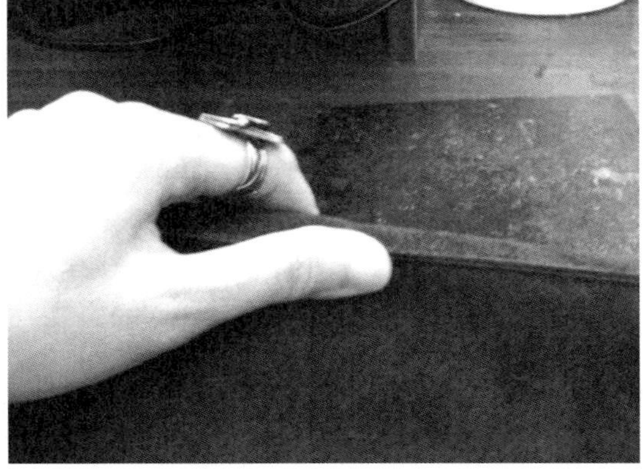

Step 4 製作完成後，於包體皮革周圍上好邊漆待乾即完成。

製作時間：約1.5小時
價格預算：約250元
難度等級：★

華麗手機吊飾（作品第49頁）

（作品第49頁）

材料

皮　革	磚紅色鱷魚壓紋牛皮
細軟料	銀蔥手機吊飾繩、棕色邊漆、皮革專用膠
金　屬	水鑽字母環、銀色圓形連接環
工　具	軟膠墊、木槌、銀筆、直角尺、尖嘴鉗、圓孔棒（3～5mm直徑）、裁皮刀

TIPS： 鉗整連接環時，夾開圓環時，以前後推開的方式，如果用前後拉開法會使環變形。

手機吊飾紙型圖

❶皮帶
❷字母環

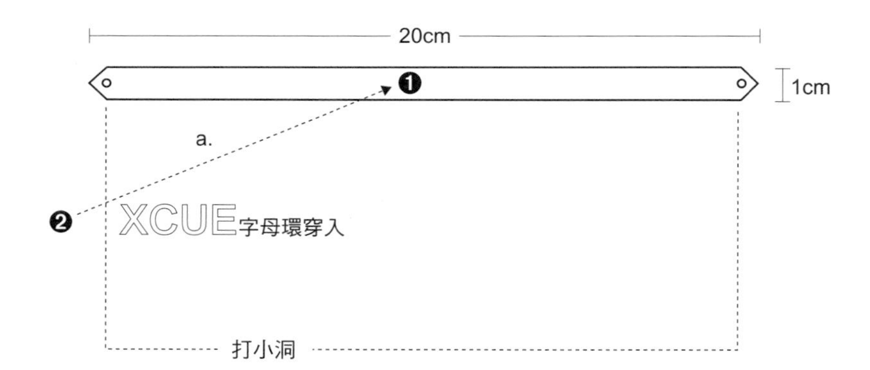

事前準備

- 將皮革背面朝上放置攤平後，用銀筆靠著直角尺邊緣依序畫出紙型圖裡所需皮革版片。
- 將畫好的皮革版片用裁皮刀裁剪下來備用。
- 先將❶版片邊緣塗上棕色邊漆。
- 在❶版片兩端上二個2mm小洞。

作法

a. 將水鑽字母塊串入完成的❶版片。
b. 將皮帶對折後，連接環串入打的小洞內，也可將皮繩改成串上數個連接小圓環2～5mm直徑，再串上吊飾帶即完工。

製作重點

Step 1 在紅皮帶的二端各打上小洞。

Step 2 於皮革二側塗上邊漆。

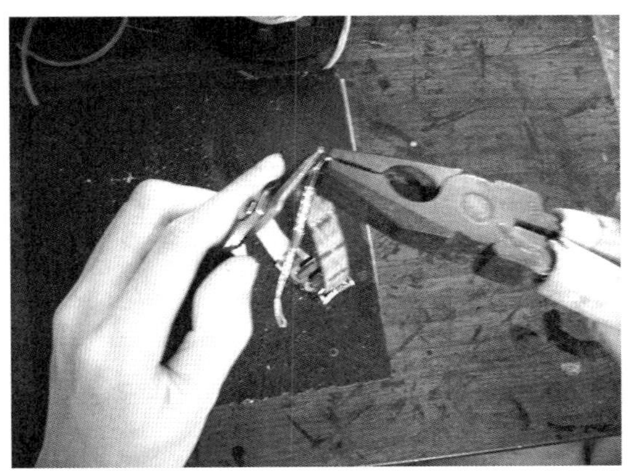

Step 3 拉開連接環時，以前後推開的方式操作。

Step 4 將英文字陸續穿過皮帶，再對折套上連接環及吊帶。

製作時間：約4小時
價格預算：約800元
難度等級：★★★

典雅實用記事本（作品第50頁）

（作品第50頁）

材料

皮 革	墨綠色綿羊絨皮
細軟料	10mm黑鬆緊帶、皮革專用膠
金 屬	6孔銀色活頁夾、金色卯釘5mm
工 具	軟膠墊、木槌、銀筆、直角尺、裁皮刀、縫紉機、卯釘敲合棒、卯釘敲合用底台、菊花斬圓孔棒（5mm直徑）

TIPS：裝訂回頁夾孔洞時，可以先用銀筆劃記號，再用圓孔棒打洞

記事本紙型圖

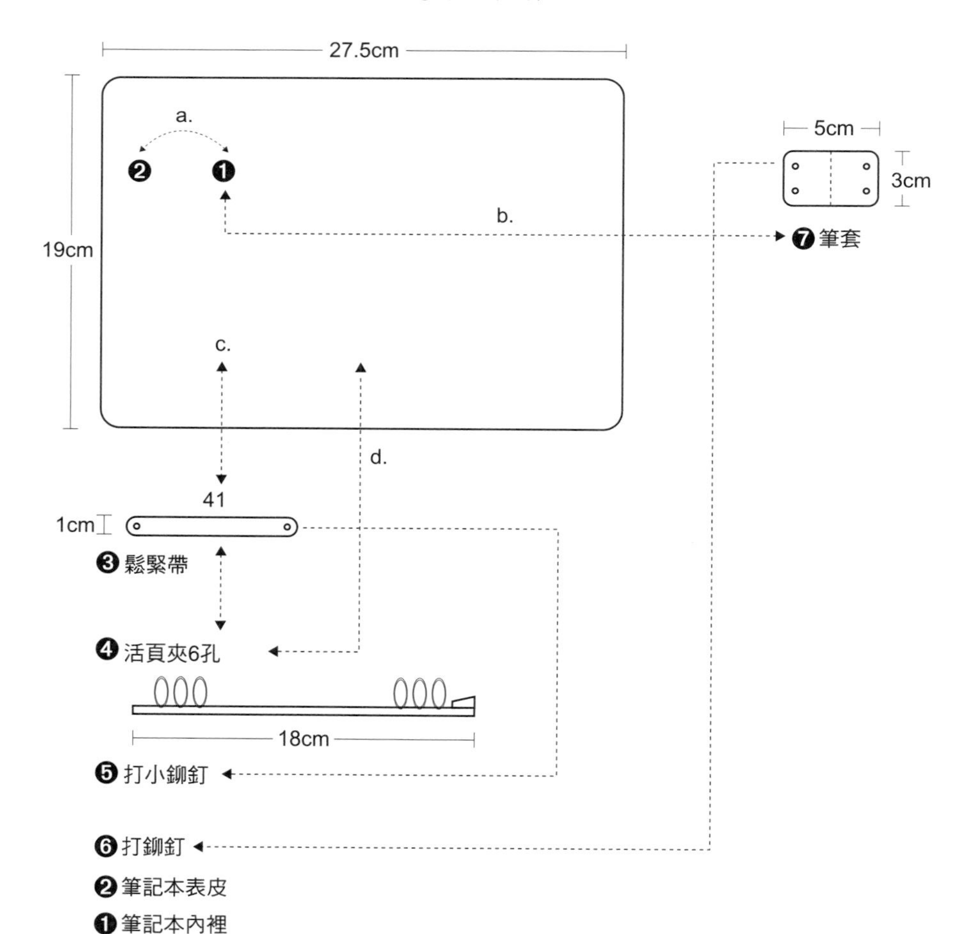

事前準備

・將皮革背面朝上放置攤平後，用銀筆畫出紙型圖裡所需皮革版片。
・將畫好的皮革版片用裁皮刀裁剪下來備用。

作法

a. 將❶表面與❷內裡互相黏合，並四邊縫製（5mm）固定及塗上邊漆。

b. 將❷筆套對折固定在a步驟完成版片（內裡朝上）右上角（筆套不可超過筆記本主體側邊線），然後用卯釘固定。

c. ❸鬆緊帶將兩端用手指捏合對折末端後，用卯釘固定在筆記本主體對折的背面垂直中央點。

製作重點

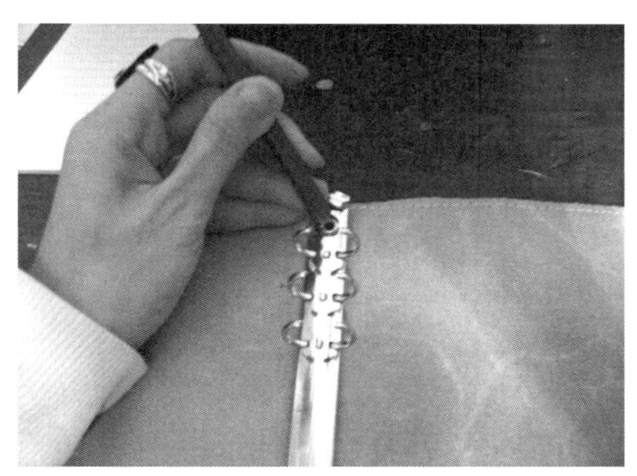

Step 1 將活頁夾以卯釘固定於皮革內裡中央位置。

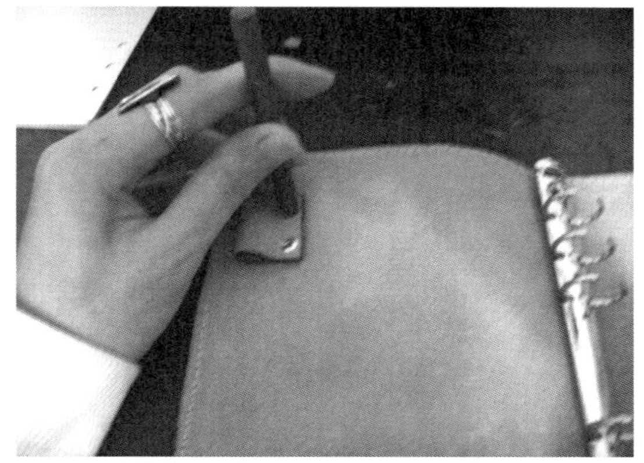

Step 2 於皮革內裡左側上方，釘上當成筆袋的對折小片皮革。

Step 3 翻至筆記本背面，將鬆緊帶以卯釘固定。

製作時間：約4小時
價格預算：約780元
難度等級：★★

可愛雙色牽帶（作品第51頁）

材料

皮　革	粉藍麂皮、粉紅色小羊皮
細軟料	皮革專用膠
金　屬	銀色卯釘8mm、銀色魚鉤夾、30mm直徑銀色圓形連接環
工　具	軟膠墊、木槌、銀筆、直角尺、皮剪刀或裁皮刀、縫紉機、卯釘敲合棒、卯釘敲合用底台、圓孔棒（3～5mm直徑）

TIPS：兩種皮革相疊時，注意是否對齊再進行上膠與車邊。

牽帶紙型圖

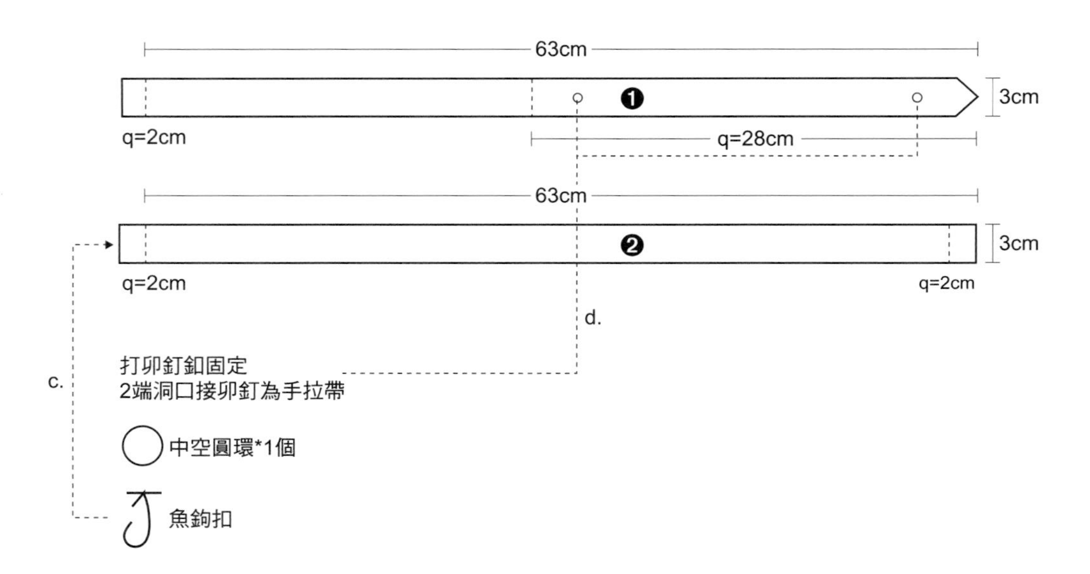

事先準備

- 將麂皮、羊皮依紙型裁剪為二組相同尺寸的前、後段皮帶。
- 將前段的麂皮背面塗上專用膠，再與羊皮背面接合，待膠乾燥後，於皮帶二側以裁縫機車縫，預留縫分約為3~5mm，後段皮帶同作。

作法

a. 將中空環穿過前段皮帶前端，折起皮帶套住中空環以卯釘固定。
b. 將後段皮帶也穿過同一個中空環，折起皮帶和住中空環以環以卯釘固定。
c. 將後段皮帶另一端，以相同方式穿過魚鉤環，打上卯釘固定，完成項圈扣鉤部份。
d. 將前段皮帶另一端折起，打上卯釘固定，完成手拉環位置。

製作重點

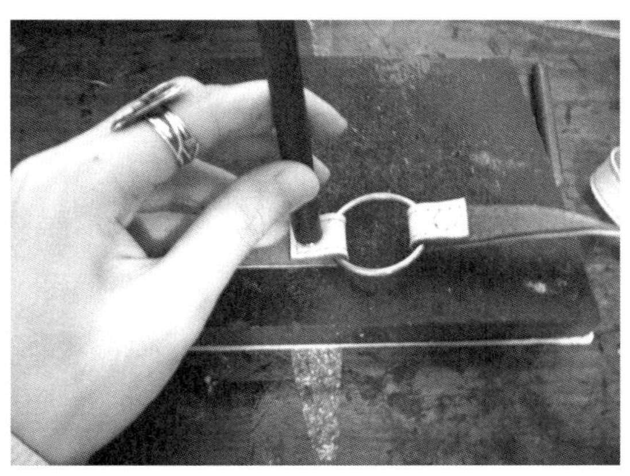

Step 1 以中空環連接前、後段皮帶，並以卯釘固定。

Step 2 將前段皮帶前端折起，套住魚鉤環。

Step 3 在皮帶對折處打上卯釘固定。

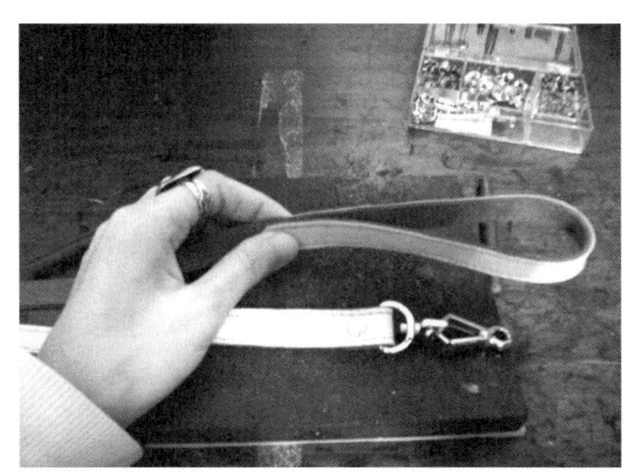

Step 4 將後段皮帶前端折起，圍出手可套入的大小，再以卯釘固定，完成手拉環。

製作時間：約2.5小時
價格預算：約250元
難度等級：★★

粗獷感黑色手環（作品第52頁）

材料

皮　革	黑色小牛皮
細軟料	黑色日本邊漆、皮革專用膠
金　屬	10mm高銀色龐克釘、8mm卯釘、銀色方型皮帶扣
工　具	軟膠墊、木槌、銀筆、直角尺、裁皮刀、縫紉機、卯釘敲合棒、卯釘敲合用底台

TIPS： 打龐克釘座用的圓孔時，要注意間距。

手環紙型圖

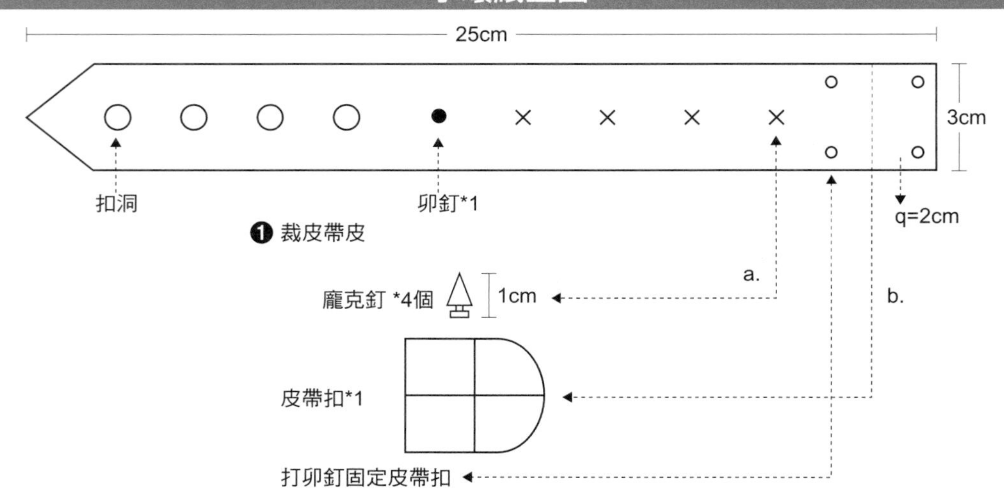

事前準備

- 將皮革背面朝上放置攤平後，用銀筆畫出紙型圖標式的皮革版片尺寸。
- 將畫好的皮革版片用裁皮刀或剪刀分別裁剪下來備用
- 皮帶塗上邊漆與打上4個調整洞備用。

作法

a. 將龐克釘先量好間距打圓孔鎖在❶的圖示位置，共5個和一個卯釘。

b. 將皮帶扣用卯釘固定在q處即完成。

製作重點

Step 1 皮帶上的打洞位置，依靠皮帶扣的順序為龐克釘4個、卯釘1個、扣洞3個。

Step 2 於皮帶前端裝上皮帶扣。

製作時間：約4.5小時
價格預算：約1500元
難度等級：★★★

紫色相機包（作品第53頁）

材料

皮　革　紫色小羊皮

細軟料　白色粗麻線、皮革專用膠

工　具　軟膠墊、木槌、銀筆、直角尺、裁皮刀、菱形打孔器、皮革專用手縫麻線捲、縫線蠟塊、手縫針、手指套

TIPS：因小羊皮輕軟，縫製製作時小心使用工具，以免造成皮革表面傷痕。

相機包紙型圖

❶相機包體正面
❷向機包體背面
❸正面固定皮壓帶
❹相機套底的兩側邊

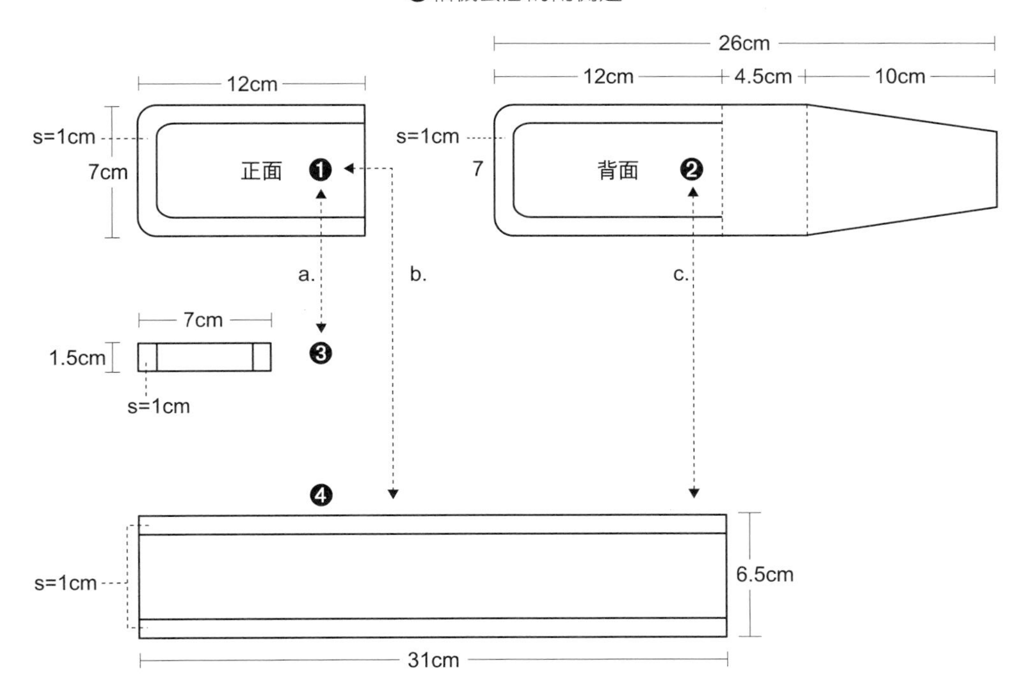

事前準備

・將皮革背面朝上，用銀筆畫出紙型圖裡所需皮革版片。
・將畫好的皮革版片用裁皮刀裁剪下來。
・將麻繩上蠟，二頭穿過縫針備用。

作法

a. 將皮帶❸兩端橫向黏合固定於1正面中央。
b. 將4側邊條從左至右依s尺寸，黏合於版片❶的三個側邊（皮革正面都朝外）。
c. 將❷版片依s尺寸黏合於b步驟完成的半包體，待乾燥後車縫袋身。
d. 於掀蓋三邊，用銀筆畫縫製線，並使用❹孔菱形打孔器在縫製線上打縫針孔，然後用並開始用白色麻線穿線縫製，之後於皮革周圍上邊漆修飾。

製作重點

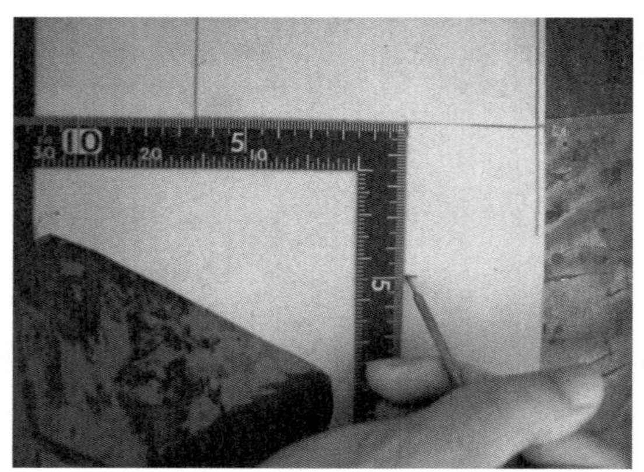

Step 1 以銀筆在皮革背面畫出裁切線。

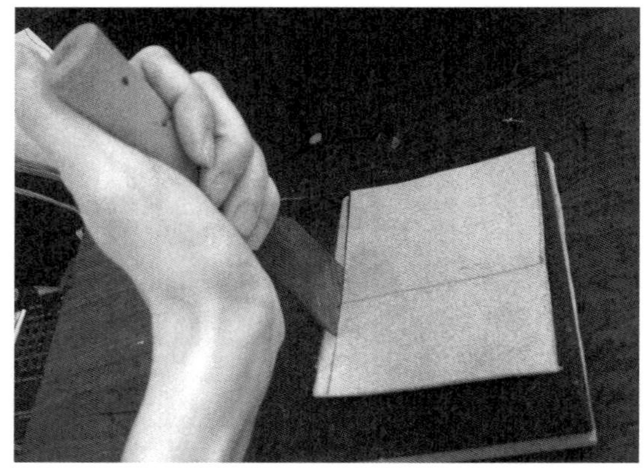

Step 2 以裁皮刀剪切皮革時，下一刀的刀鋒要壓在上一刀的切口上下壓。

Step 3 帶子先黏合再車縫，可加強堅固度，縫製時也比較不會歪斜。

桌上立式相框（作品第54頁）

製作時間：約3小時
價格預算：約300元
難度等級：★★

材料

皮　革	原木色植物鞣牛皮革
細軟料	棕色邊漆
金　屬	銀色10mm長帳冊釘、10mm長金色圓珠扣、
工　具	軟膠墊、木槌、銀筆、直角尺、裁皮刀、一字椿、縫紉機、圓孔棒（8mm直徑）、磨圓木器

TIPS：裁像框內緣時要注意裁皮刀的角度，以垂直的方向下刀，以免皮革內側邊緣呈現歪斜的角度。

相框紙型圖

❶相框外層
❷相框裡層

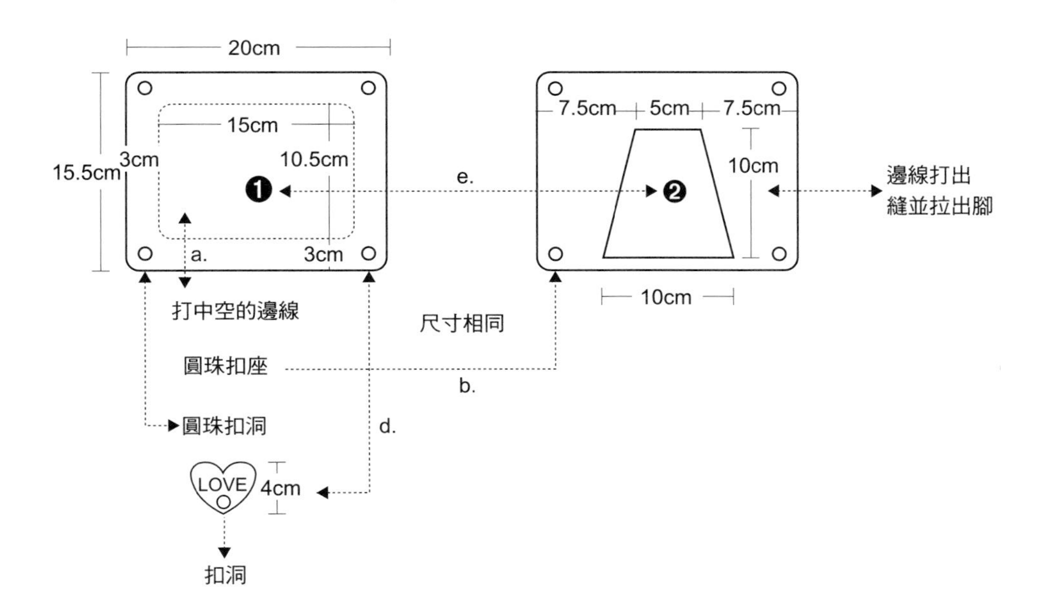

事前準備

- 將皮革背面朝上放置攤平後，用銀筆畫出紙型圖裡所需皮革版片尺寸。
- 將畫好的皮革版片用裁皮刀或裁皮剪刀裁剪下來。
- 在心型皮片打印上英文字。
- 用磨原木器將全部版片邊緣以磨圓木器磨平，再上邊漆備用。

作法

a. 用裁皮刀將❶相片內框裁切出來，並在另一皮片裁出框腳架形狀。

b. 在支架板片❷的四個角落分別打上四個圓珠扣。

c. 將相框皮片❶的四個角落分別打四個孔，以扣上圓珠扣。

d. 於相框皮片❶右下角多打一個孔，以帳冊釘將心型皮片與相框皮片鎖在一起。

e. ❶、❷與心型皮片組合在一起即完成。

製作重點

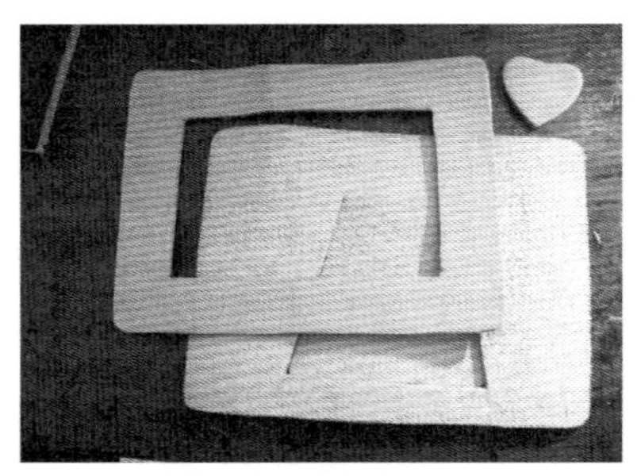

Step 1 依照紙型所標示的尺寸，將相框、支架與心型裝飾等版片裁剪下來。

Step 2 將各皮片周圍以磨圓木器，磨圓邊緣。

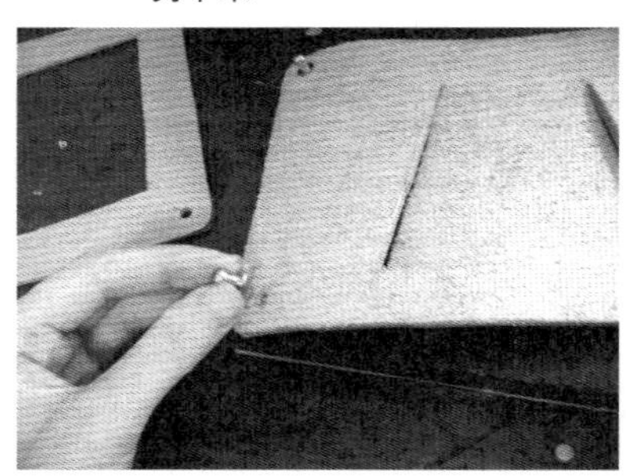

Step 3 在支架皮片❷四個角落分別打上圓珠扣。

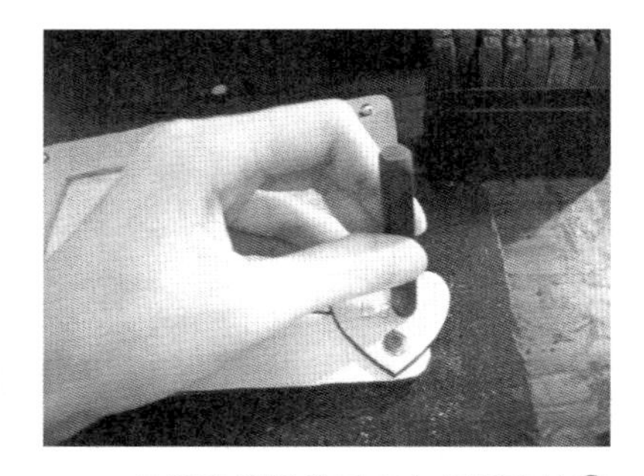

Step 4 將心型裝飾固定在相框皮片❶上，以帳冊釘固定。

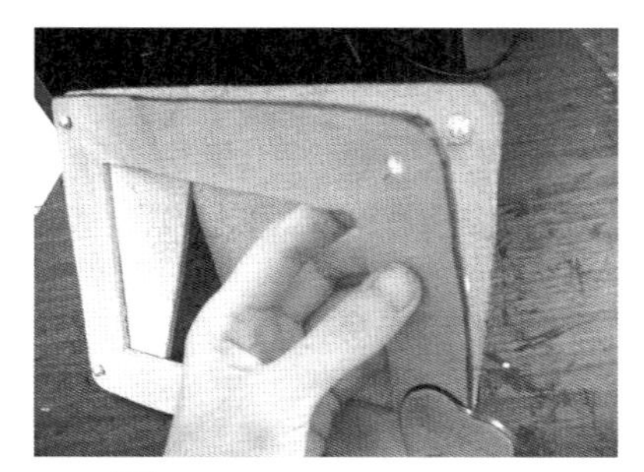

Step 5 將相框扣上支架即完成。

製作時間：約1.5小時
價格預算：約350元
難度等級：★★

甜美感混搭胸花（作品第55頁）

材料

皮　革　進口紅色麂皮、台灣兔毛皮

細軟料　紅色粗麻線、皮革專用膠

金　屬　黑色小別針、金色卯釘5mm

工　具　手縫針、卯丁敲合棒5mm、卯釘敲合用底台

TIPS：捲製皮革花朵完成後，與兔毛連接時要慢慢調整位置，花型才會對稱。

胸花別針

❶花型紙卡
❷麂皮
❸兔毛20*20cm一條當花座底

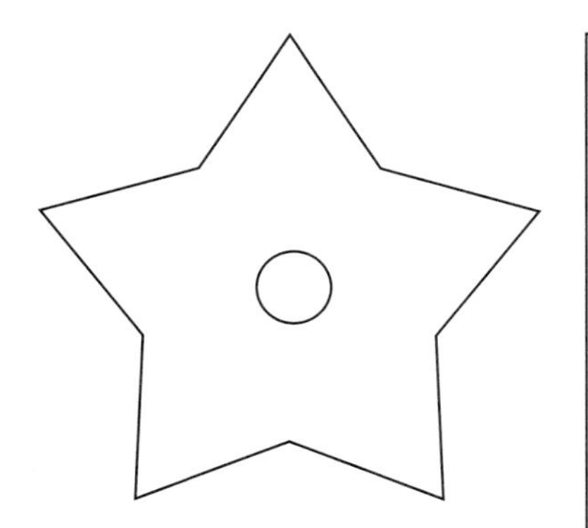

❶裁剪此厚紙卡剪出版型

❷

83cm

3cm

繞法

a.
b.
c.
d.
e.
f.

P.S 交疊共兩圈

左手抓壓住中心點預留處。
右手將此紙板拆掉，
再整理花型並在中央處固定釘子。

事前準備

- 將皮革背面朝上放置攤平後，用銀筆靠著直角尺邊緣畫出紙型圖裡所需皮革版片尺寸。
- 將畫好的皮革版片用裁皮剪刀裁剪下來備用。

作法

a. 依照❶❷❸❹❺順序，將皮帶以對角繞法纏繞花型紙板，交疊兩圈。
b. 一手壓住中心預留處，另一手把紙板慢慢拆下。
c. 整理好花型，用卯釘母面將中心點交疊處固定。
d. 將兔毛皮環繞一圈，末端交叉，置於皮花後方。
e. 卯釘穿過兔皮交叉部位與花朵中心固定。
f. 在兔毛與皮花交疊的三個點，用卯釘固定。
g. 最後將別針用手縫方式，將別針兩端縫在皮花背後。

製作重點

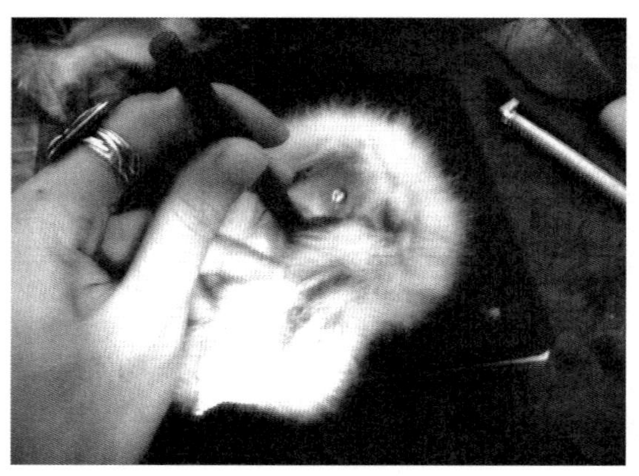

Step 1 將兔毛皮向上環繞一圈，在中心處打上卯釘母面固定。

Step 2 將皮花交疊於兔毛皮上，於中心位置打上卯釘公面固定。

Step 3 在其他地方，選擇三點打上卯釘，固定花型與兔毛皮。

製作時間：約5小時
價格預算：約980元
難度等級：★★★★

幾何圖紋書套（作品第56頁）

材料

皮　革	粉藍色麂皮
細軟料	黑色10mm鬆緊帶.紅色、鵝黃色粗麻線
金　屬	銀色卯釘5mm
工　具	軟膠墊、木槌、銀筆、直角尺、裁皮刀、皮革專用膠、菱形打孔器、間距器、皮革專用手縫麻線捲、縫線蠟塊、手縫針、手指套

TIPS：手工縫製的菱形格紋交叉時，要注意黃線與紅線不要交疊在一起。

書套紙型圖

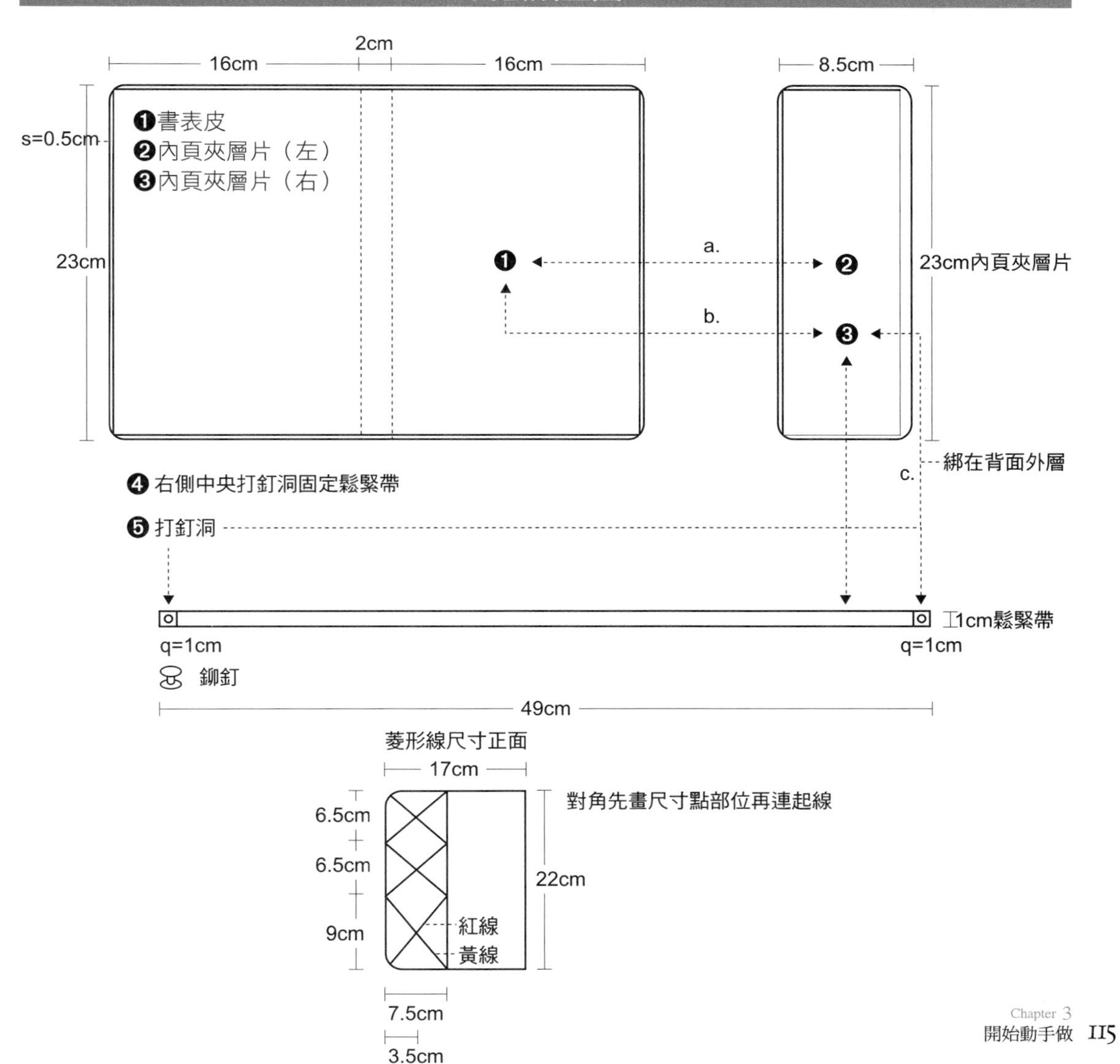

事前準備

- 將皮革背面朝上，用銀筆畫出紙型圖裡所需皮革版片。
- 將畫好的皮革版片用裁皮刀裁剪下來。
- 將麻繩上蠟，二頭穿過縫針備用。

作法

a. 將❷夾層三邊黏合在❶內裡朝上方向攤開平放的左側。

b. 將❸夾層三邊黏合在❶內裡朝上方向攤開平放的右側後，整個主體四周都在縫分處車縫修邊，

c. 來把書套對折翻到背面，在靠邊的中心點位置❸打上卯釘洞。

d. 然後把鬆緊帶兩端交疊固定在卯釘洞位置，用卯釘打入固定。

e. 主體完成後，照草圖花樣尺寸用銀筆畫好鬆餅格線，用四孔菱形打孔器打上手縫針孔，並用黃色麻線先縫製一邊波浪菱形，再以紅色線縫製另一條波浪線，形成交錯的菱紋格線。

製作重點

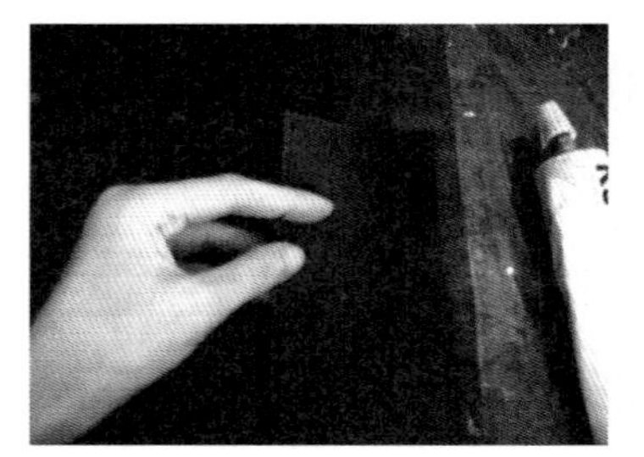

Step 1 利用皮革專用膠，接合折口與書套。

Step 2 左、右折口依照相同方式黏貼後，放置一旁，待其自然乾燥後再進行其他步驟。

Step 3 翻至書套正面，以銀筆畫上菱形紋圖後，以四孔菱形打孔器，打上手縫針孔洞。

Step 4 先縫上黃線，再縫紅線，形成菱格圖。

Step 5 翻至書套背面，將鬆緊帶交疊後，以卯釘固定。

Step 6 從折口相對應位置敲合卯釘。

高雅質感化妝袋（作品第57頁）

製作時間：約4小時
價格預算：約1400元
難度等級：★★★

材料

皮　革	粉藍色、灰色、粉紅色麂皮
細軟料	皮革專用膠
金　屬	銀色四合扣
工　具	軟膠墊、木槌、銀筆、直角尺、裁皮刀、縫紉機、菊花斬、圓孔棒（3～5mm直徑）

TIPS：車縫隔層時，要慢慢前推，以免車歪。

化妝袋紙型圖

❶包體捲起時的表皮
❷插袋分格皮面
❸內裡拋蓋皮片

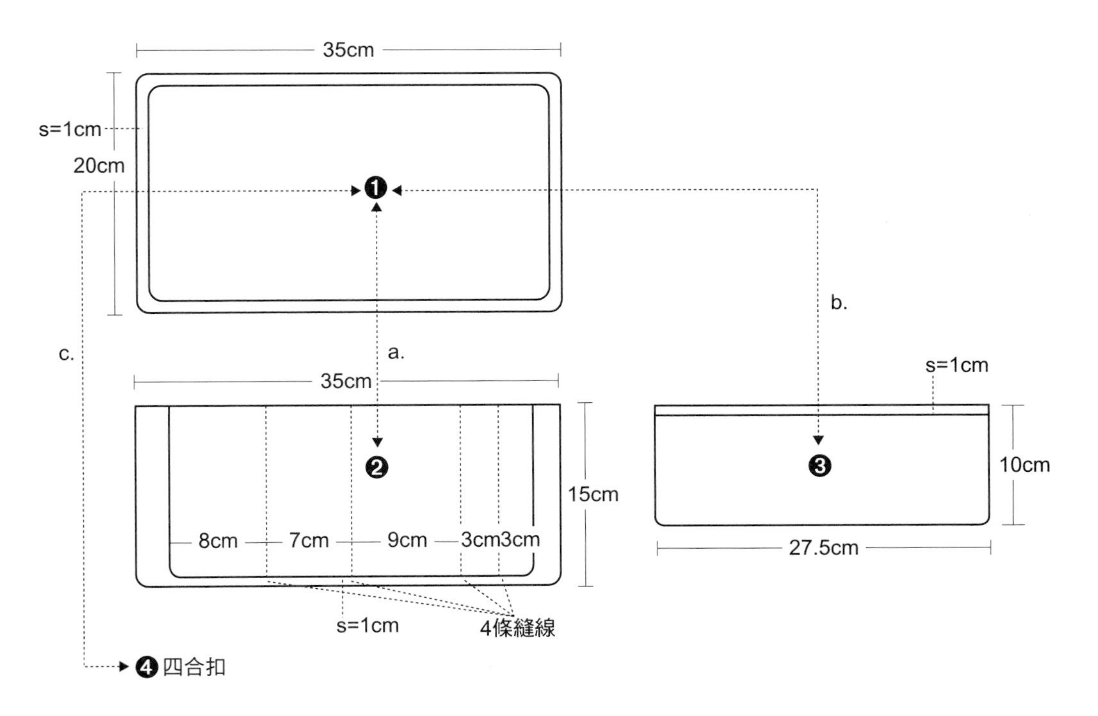

事前準備

- 將皮革背面朝上放置攤平後，用銀筆靠著直角尺或直尺邊緣，依序畫出紙型圖裡所需皮革版片。
- 將畫好的皮革版片用裁皮刀或剪刀分別裁剪下來備用
- ❷版片的上方邊緣與❸掀蓋，有兩個圓弧角的邊緣，車邊修飾。
- 在❶版片兩端的寬邊中央點位置打好四合扣洞。

作法

a. 於❷內裡畫好紙型圖所示的分隔線，黏合固定在❶版片的下半部，然後在分隔線位置車縫出隔層線。

b. 將❸掀蓋縫分處以背面朝上並掀開，在上方的方向黏合在❶版片的上端縫分處，並車縫固定。

c. 在❶版片兩端預留的孔洞打上四合扣，切記是四合扣母面朝內裡方向，公面朝外表方向，這樣將化妝包捲起時才扣得起來。公面位置可調整是靠側邊邊緣或是再往內一些的位置打上，以希望捲起扣合時化妝包的尺寸為準來調整就可以了。

製作重點

Step 1 掀蓋的位置可依擺放物品的大小，調整車縫的固定位置。

Step 2 利用菊花斬打上四合扣，公面朝外。

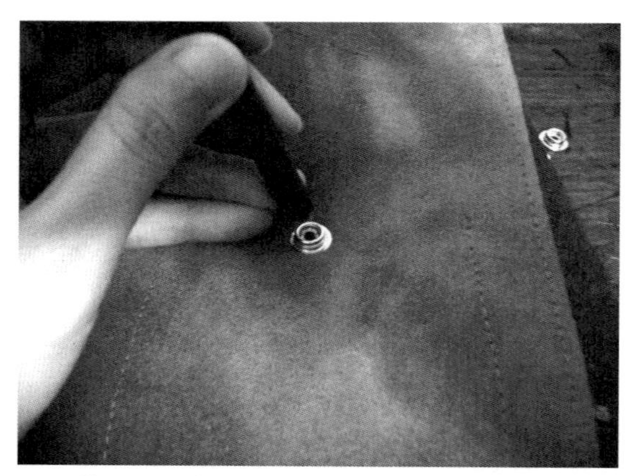

Step 3 要判斷扣合位置前，可把包包實際捲起，再對應扣子的地方以銀筆做記號，再打上四合扣。

牛皮吉他背帶（作品第58頁）

材料

皮　革　黑色厚牛皮

細軟料　黑色邊漆、白色麻線、皮革專用膠、蠟塊、皮革乳液（背面處理劑）、圓木器、皮革專用膠

金　屬　銀色卯釘8mm、長方形背帶扣、不規則小連接銀色環

工　具　手指套、縫針、軟膠墊、卯釘敲合棒、木鎚、4孔菱型打孔器、指套、邊線器、銀筆、直尺、卯釘敲合用底台、圓孔棒、一字椿

TIPS：剪裁直線時，尺寸要抓準，背帶才不會歪斜。

製作時間：約10小時
價格預算：約700元
難度等級：★★★
（級數由1至5，難度愈高★愈多）

吉他背帶紙型圖

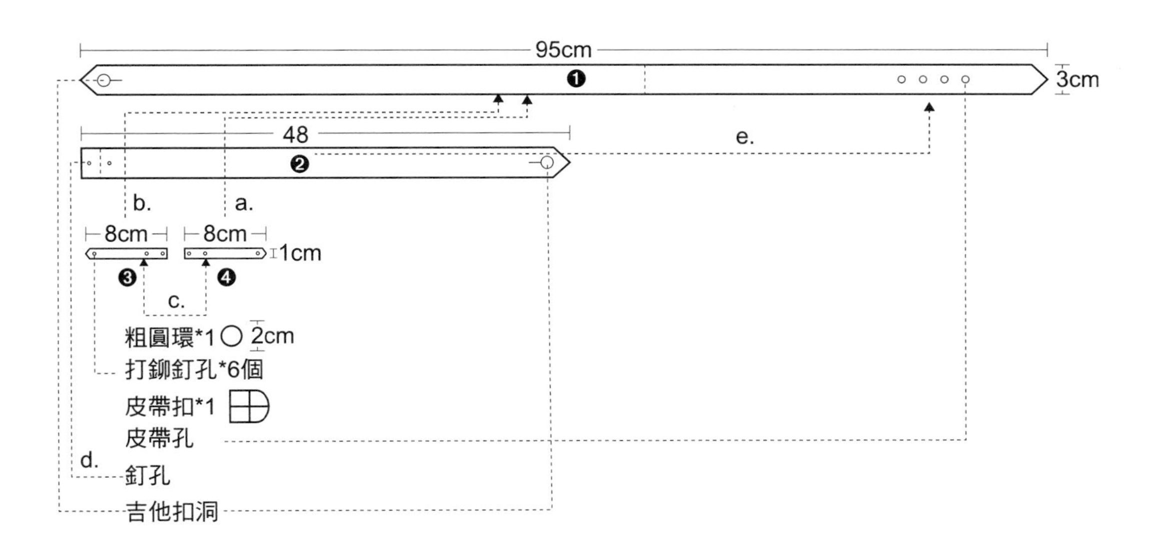

事前準備

- 將皮革背面朝上放置攤平後，用銀筆靠著直角尺邊緣畫出紙型圖裡所需的皮革版片。
- 將畫好的皮革版片用裁皮刀或裁皮剪刀一一裁剪下來備用。
- 將❶❷塗好邊漆備用。
- 縫製白色麻線於皮革兩邊。

作法

a. 銀環下端扣帶❹固定v型端於背帶上段❶的中央點，並預留裝飾鍊或粗圓環位置。
b. 銀環上端扣帶❸固定v型端於背帶上段❶的中央點，並預留裝飾鍊或粗圓環位置。
c. 將粗圓環固定在扣帶❸與扣帶❹中央。
d. 在背帶下段❷處打上皮帶扣。
e. 照版型位置，將其他圖示孔洞打上，並將背帶❶與背帶❷扣上即可。

製作重點

Step 1 塗上邊漆可以減緩皮革邊緣的磨損程度，也比較美觀，並且打上卯釘固定金屬環與皮帶。

Step 2 利用一字椿在扣洞內側，打出一字橫紋，讓背帶扣上吉他時更順手。

Step 3 皮帶孔位置要測量準確，保持相同的間距。

Step 4 在背帶上段（皮帶預留卯釘孔位置）訂上皮帶扣。

製作時間：約24小時
價格預算：約4500元
難度等級：★★★★★

原色肩背包（作品第59頁）

材料

皮　革	歐美進口原木色植物鞣牛皮
細軟料	棕色邊漆皮革專用膠　皮革處理乳液
金　屬	8mm、5mm金色卯釘、古銅色四合扣、古銅磁扣、銀色鑰匙圈、金色魚鉤夾
工　具	軟膠墊、木槌、銀筆、直角尺、裁皮刀、縫紉機、卯釘敲合棒、卯釘敲合用底台、菊花斬、圓孔棒（3～5mm直徑）、縫紉機、磨圓木器、銼刀皮革

TIPS：這款包包款式方正，最難處理的地方在於製作口袋時，比例要對稱，與包包主體保持水平與垂直，不要歪斜。以手指捏合相機袋鼓起的形狀與角度時，要在皮革仍濕潤、柔軟的狀態製作。想要做的順手，必須多加練習，以累積經驗與手感。

肩背包紙型圖

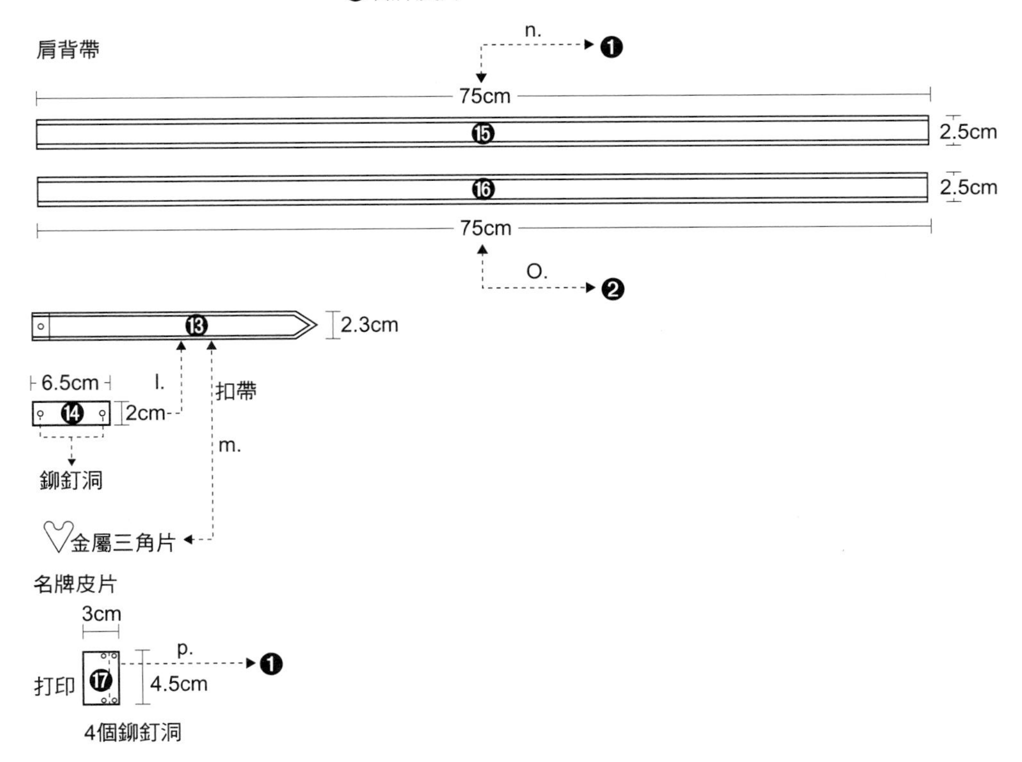

❶主包體正面
❷主包體背面
❸包體底部
❹包體左側邊
❺包體右側邊
❻正面左邊口袋袋面
❼正面左邊口袋側與底部
❽正面左邊口袋拋蓋
❾正面右邊袋子袋面
❿正面右邊袋子麻花孔袋
⓫背面外袋袋面
⓬背面外袋側與底部

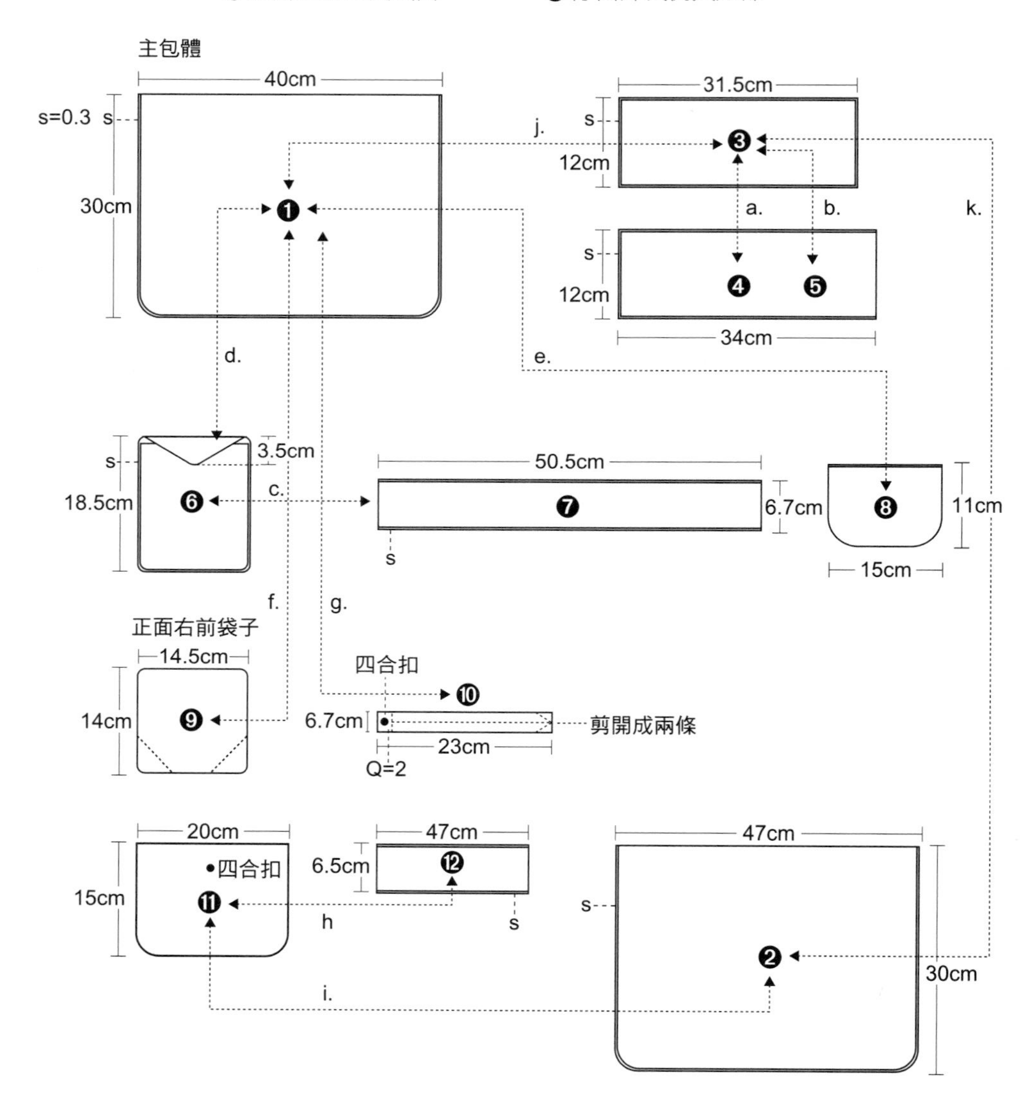

作法

a. 把❸的一端縫分與❹唯一一端縫分以專用膠黏合，待其自然乾燥之後，以裁縫機車縫起來。

b. 把❸的一端縫分與❺唯一一端縫分以專用膠黏合，待其自然乾燥之後，以裁縫機車縫起來。

c. 將❼側邊與❻袋片於縫分處黏合並車縫。

d. 將c已經完成的袋片依袋型將側邊縫分位置黏合在❶版片左邊，並於s位置車縫。

e. 把❽袋子掀蓋以s位置背面朝上，黏合車縫於c袋子的上方作為掀蓋，掀蓋往下蓋得時候，測量蓋子下方中央位置，打上磁扣公面，袋身要找對應位置打上磁扣母面。

f. 把❾相機袋皮片浸濕，甩乾多餘水分，讓皮變軟後，放置在包體右側，戴上手指套抓出鼓起形狀，以兩側底部的縫分1cm尺寸黏合並縫製於包體上。將鼓起的袋身下半部抓兩側平均位置，捏出突起角度製作造型，最後在三個側邊打上卯釘。

g. 將❿扣帶先裁開中央線，並將兩條皮帶相交捲起像編辮子，拉平後在交叉處都打上卯釘固定辮子，然後在q處打上四合扣母面，再將辮子末端用卯釘固定在相機帶下方，另外將四合扣公面打在對應的位置扣合。

h. 把12側邊固定縫合在⓫ 袋片周圍。

i. 再將h完成的袋身三側邊固定縫合在❷包體中央位置。

j. 把ab 完成的主體側邊固定縫合在1主體版片。

k. 將❷版片固定在完成j步驟的袋身。

l. 扣帶固定環⓮先與扣帶⓭對比於包體上的中央位置，並將⓮固定環兩端固定在包體中央。

m. 把⓮金屬角片夾在⓭扣帶末端。

n. 把⓯肩背帶兩側車邊修飾上邊漆，兩端以包體橫寬分為兩端各3/1位置用卯釘固定。

o. 把⓰肩背帶兩側車邊修飾上邊漆，兩端以包體橫寬分為兩端各3/1位置用卯釘固定。

p. 把⓱名片打印好名字，用包覆方式以卯釘固定在包體任何側邊角落，最後在包體裁切邊上邊漆晾乾即可。

製作重點

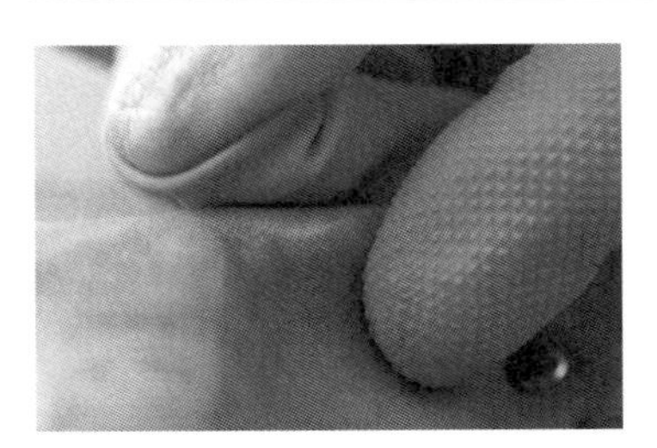

Step 1 將袋身浸濕後，帶上指套捏塑出角度。

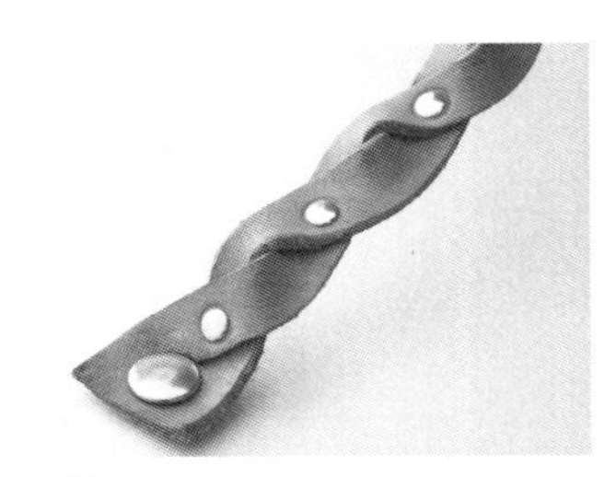

Step 2 編出麻花扣帶時，要注意挺出面為正面凸起。

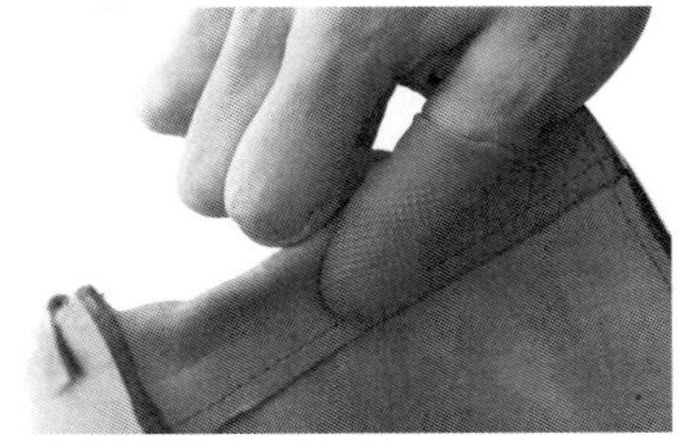

Step 3 用手指捏出包底邊角的角度。

Step 4 再用木槌輕敲塑型，不要太大力，以免在皮革上留下傷痕。

Step 5 用尖嘴鉗壓腳時，注意力道不要過大，從靠近內側的地方使力，可使角度較平整。

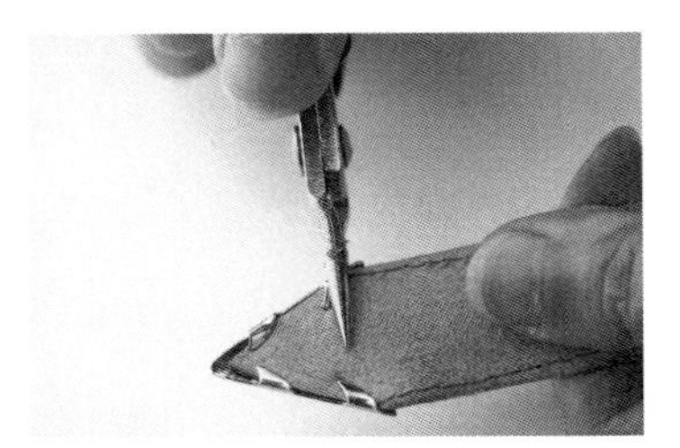

Step 6 用鉗身壓平三角片體。

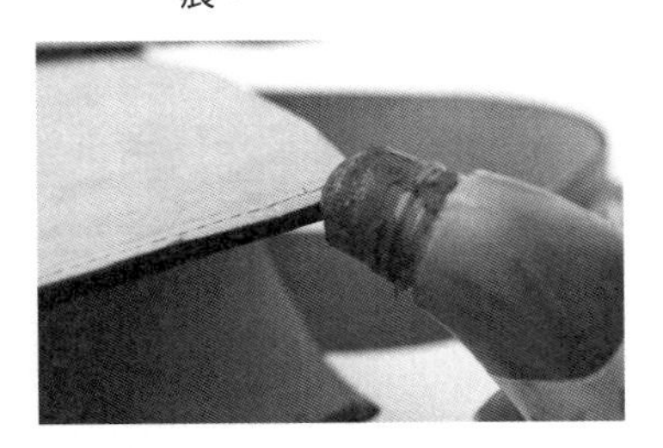

Step 7 上邊漆前先打磨，會使表面更光滑。

製作時間：約8.5小時
價格預算：約3800元
難度等級：★★★

壓紋牛皮書包（作品第60頁）

材料

皮　革	暖棕色鱷魚壓紋牛皮
細軟料	純棉背帶、棕色邊漆、皮革專用膠
金　屬	青銅色半月環3cm、5mm金色卯釘、銀色圓珠扣、金色四合扣
工　具	軟膠墊、木槌、銀筆、直角尺、裁皮刀、一字椿、縫紉機、卯釘敲合棒、卯釘敲合用底台、圓孔棒（3～5mm直徑）、菊花斬

TIPS：接合時，包包四邊要對稱。

書包紙型圖

❶包體正面　❷兩側底部　❸包體背面　❹包體拋蓋　❺背帶長段　❻背帶短段

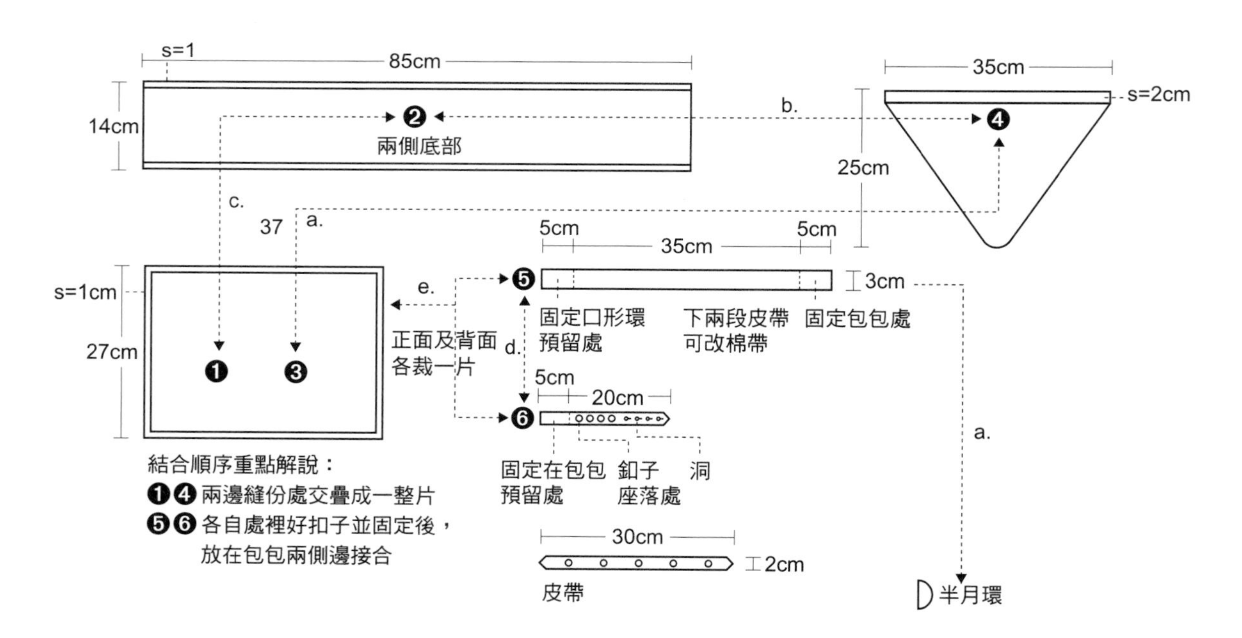

結合順序重點解說：

❶❹ 兩邊縫份處交疊成一整片

❺❻ 各自處裡好扣子並固定後，放在包包兩側邊接合

事前準備

- 將皮革背面朝上放置攤平後，用銀筆畫出紙型圖裡所需皮革版片。
- 將畫好的皮革版片用裁皮刀裁剪下來備用。

作法

包體結合

a. 先將❹版片縫分處以反面朝上的方向，用膠黏合在版片❸的上方縫分處，待乾燥後在縫分2cm處車縫起來。

b. 以反面朝外將版片❷縫分處小心黏合在a已接合半包體的三側（底部與兩側），使其自然乾燥。

c. 將❶版片三側縫分處以反面朝上，黏合在b已完成包體，待乾後調整好整體角度為長方體，再黏合並車縫，最後翻至正面（即縫分朝內）。

側背帶製作方式（選用深咖啡棉質混尼龍的背帶來製作）

a. 將半月環用卯釘固定在❺版片一端。

b. 再來將背帶❺以草圖預留5cm尺寸，對折為2.5cm尺寸，用卯釘固定在包體的一側。

c. 將版片❻於預留的20cm範圍，用圓孔棒打背帶調整洞。

d. 用打火機將孔洞抽鬚處燒齊，並加上圓珠扣於紙型圖指定處，作為背帶扣子。

e. 再將完成處理的❻版片與❺背帶扣合，下一步以版片❻預留的5cm尺寸對折為2.5cm尺寸，用卯釘固定在包體另一側。

包體兩側扣子作法

a. 將四合扣（10mm）共兩組打在包體，兩側各一個。請注意四合扣面的方向，四合扣是作為縮減包體厚度用。

b. 最後在包體正面打上圓珠扣洞，鎖上圓珠扣，並將掀蓋於尺寸標明處打上8mm圓孔洞並切一字椿開口。

修整方式

a. 將包包內裡外翻，在縫分裁切處與翻回正面所有皮革裁切邊緣，要分別慢慢塗上棕色邊漆待乾，即完成作品。

製作重點

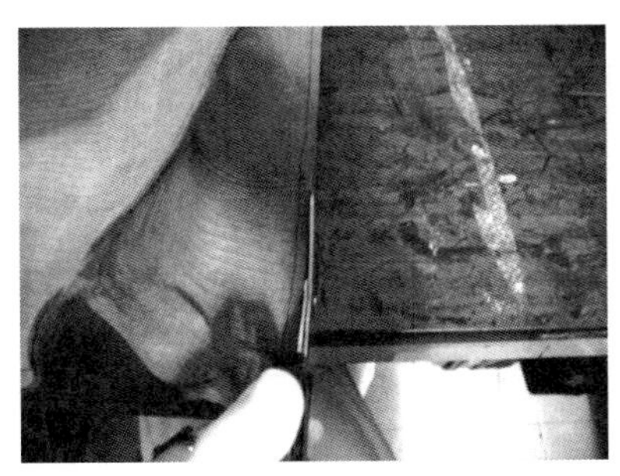

Step 1 將包包背面裁切邊修飾平整。

Step 2 於皮革周圍塗上邊漆。

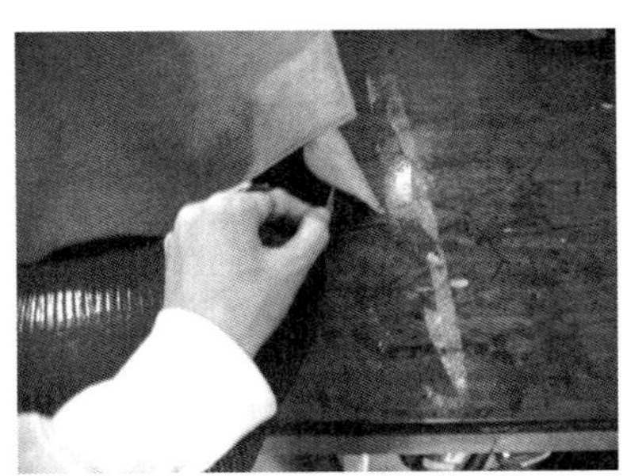

Step 3 將拋蓋邊黏合在包體上方預留處。

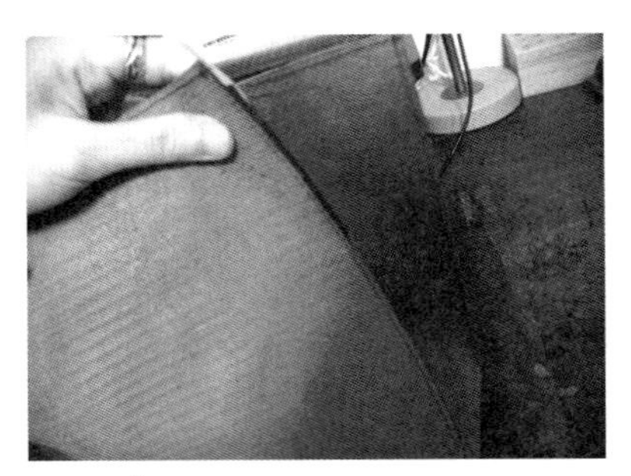

Step 4 扣上四合扣。

Step 5 於蓋子皮片邊緣上邊漆。

Step 6 打上右邊包體四合扣。

Step 7 打上左邊包體四合扣。

Step 8 固定半月環。

Step 9 固定背帶一端於包體上。

Step 10 在背帶上打圓珠扣洞，並鎖上扣座。

Step 11 在拋蓋上打上四合扣母面。

Step 12 在包體上對好扣合位置，打上四合扣公面。

C O P Y R I G H T

腳丫文化

■K038

一塊牛皮變精品

國家圖書館出版品預行編目資料

一塊牛皮變精品 / 黎珮詩著.
第一版. -- 臺北市 ： 腳丫文化, 2009. 03
面 ； 公分
ISBN 978-986-7637-46-8(平裝)
1. 皮革 2. 手工藝
426.65 98002520

著 作 人：黎珮詩
社 長：吳榮斌
企劃編輯：陳毓葳
美術設計：游萬國
出 版 者：腳丫文化出版事業有限公司

總社・編輯部
地 址：104 台北市建國北路二段66號11樓之一
電 話：（02）2517-6688
傳 真：（02）2515-3368
E-mail：cosmax.pub@msa.hinet.net

業 務 部
地 址：241 台北縣三重市光復路一段61巷27號11樓A
電 話：（02）2278-3158・2278-2563
：（02）2278-3168
E-mail：cosmax27@ms76.hinet.net
郵撥帳號：19768287腳丫文化出版事業有限公司

國內總經銷：千富圖書有限公司（千淞・建中）
（02）8521-5886
新加坡總代理：Novum Organum Publishing House Pte Ltd. TEL:65-6462-6141
馬來西亞總代理：Novum Organum Publishing House(M) Sdn. Bhd. TEL:603-9179-6333
印 刷 所：通南彩色印刷有限公司
法律顧問：鄭玉燦律師（02）2915-5229
定 價：新台幣 250 元
發 行 日：2009年 4月 第一版 第 1 刷